entry와 함께 쏙쏙 뽑아 배우는

AI

AI 인공지능 나만의 챗봇 만들기

Part 1 텍스트 인식

신병철 • 하주성
이용한 • 김치택 지음

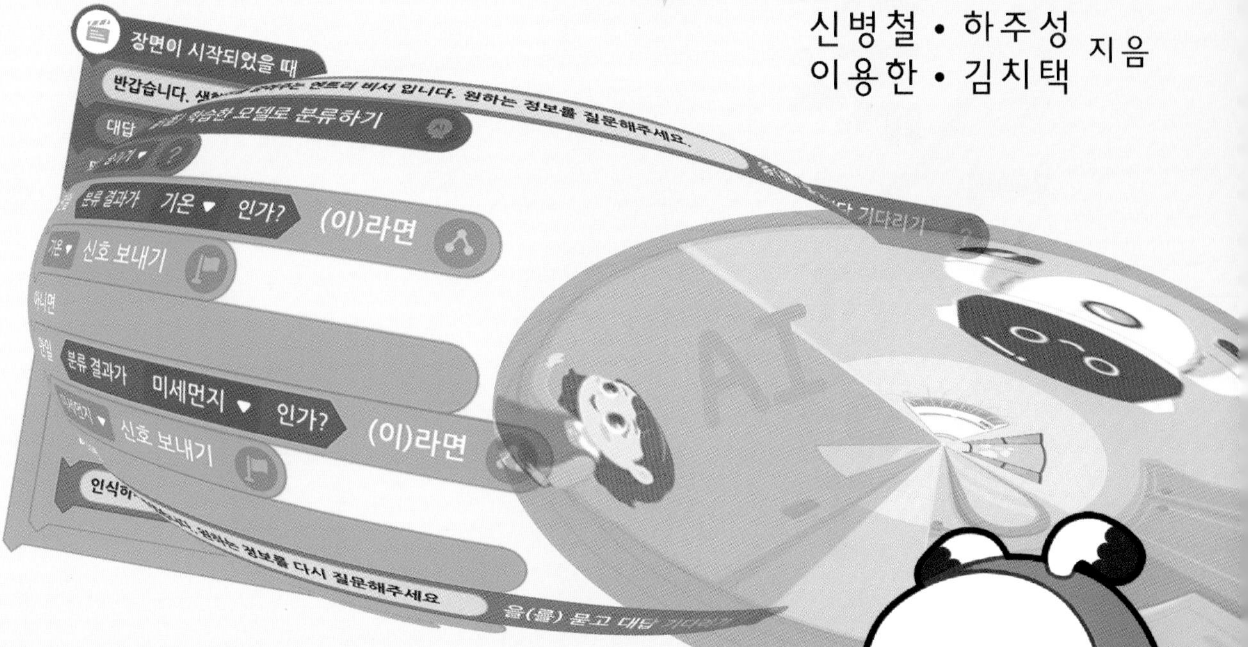
장면이 시작되었을 때
분류 결과가 기온 인가? (이)라면
기온 신호 보내기
아니면
분류 결과가 미세먼지 인가? (이)라면
신호 보내기
정보를 다시 질문해주세요
을(를) 묻고 대답 기다리기
AI

코딩 놀이로 컴퓨팅 사고 능력을 높이며
나만의 인공지능(AI) 챗봇을 만들 수 있어요!

좋은 책 · 알찬 내용
KM 가메출판사

AI 인공지능 나만의 챗봇 만들기

지은이 신병철 • 하주성 • 이용한 • 김치택
펴낸이 이병렬
펴낸곳 도서출판 가메 https://www.kame.co.kr
주소 서울시 마포구 성지5길 5-15 206호
전화 02-322-8317
팩스 0303-3130-8317
이메일 km@kame.co.kr

등록 2009-264
발행 2024년 1월 20일 초판 발행
정가 16,000원

ISBN 978-89-8078-315-1

표지/편집 디자인 편집디자인팀

추천글

현대 사회에서 인공지능 기술의 역할은 단순한 기술적 현상을 넘어서 우리 생활의 모든 영역으로 확장되고 있습니다. 이러한 변화의 중심에 있는 여러분들에게, 이 책은 인공지능이라는 주제를 이해하는 데 필수적인 가이드가 될 것입니다.

인공지능 기술을 효과적으로 사용하기 위해서는 인공지능이 무엇인지, 그리고 어떠한 원리로 작동되며 기술이 어떤 원리로 적용되는지에 대해 이해하는 것은 상당히 중요합니다. 이러한 의미에서 이 책은 텍스트 인식, 음성 인식, 비디오 감지와 같은 인공지능 기술이 무엇인지 알려주고, 프로그래밍을 통해 기술을 적용하는 방법을 알려줍니다. 또한 여기에서 그치는 것이 아니라 인공지능을 만들기 위한 재료인 데이터에 대해 살펴보고, 이를 분석하는 과정을 통해 데이터 리터러시를 향상할 수 있는 다양한 예제를 제공하고 있습니다.

여러분들은 이 책을 통해 미래 사회에 필요한 인공지능 소양 뿐만 아니라 데이터 리터러시까지 향상할 수 있을 것입니다.

대구교육대학교 컴퓨터교육심화과정
교수 이영호

머리말

가장 쉬운 방법으로 인공지능과 친해져요!

여러분은 "챗GPT"라는 프로그램을 알고있나요?
"챗GPT"는 인공지능 언어모델로, 자연어(사람의 언어) 이해와 생성 능력을 갖추고 있어요. 마치 사람과 대화하는 것처럼 느낀답니다. "챗GPT"의 등장은 많은 사람을 놀라게 했고 우리의 삶에 많은 변화를 주었습니다.

이 책은 초등학생들을 대상으로 인공지능과 프로그래밍의 기초를 쉽고 재미있게 배울 수 있도록 구성되었습니다. 현대 사회에서는 인공지능과 프로그래밍이 빠르게 발전하고 있으며, 이러한 분야의 지식은 미래 사회에서 필수적인 역할을 할 것으로 예상됩니다. 우리는 초등학생들이 이러한 분야에 빠르게 적응하고 창의적으로 생각하며 문제를 해결할 수 있는 능력을 기를 수 있도록 도와주고자 이 책을 제작하게 되었습니다.

이 책은 짧고 간결한 내용을 제공하여 초등학생들이 지루하지 않고 재미있게 공부할 수 있도록 구성되어 있습니다. 이를 통해 학생들은 인공지능의 작동 원리와 프로그래밍의 기초를 실제 사례와 예시를 통해 쉽게 이해할 수 있습니다.

또한, 이 책은 엔트리라는 시각적인 프로그래밍 언어를 활용하여 학생들이 쉽게 프로그래밍을 시작할 수 있도록 돕습니다. 엔트리는 블록 코딩 방식을 제공하여 초보자도 쉽게 접근할 수 있는 인터페이스를 제공합니다. 학생들은 엔트리를 통해 자신만의 게임, 애니메이션, 음악 등 다양한 작품을 만들어볼 수 있습니다.

이 책을 통해 초등학생들은 인공지능과 프로그래밍에 대한 흥미와 이해를 높일 수 있기를 바랍니다. 더 나아가서 이 책을 통해 학생들이 문제 해결과 창의적 사고를 키우며 미래 사회의 리더로 성장할 수 있기를 기대합니다.

마지막으로, 이 책을 통해 초등학생들이 즐겁게 인공지능과 프로그래밍을 배울 수 있기를 바라며, 독자 여러분들의 성장과 꿈을 응원합니다.

순서

우리는 무엇이든 될 수 있어요.

1 엔트리를 활용해요

엔트리는 소프트웨어를 통해 미래를 꿈꾸고 함께 성장하는
창작 플랫폼입니다.

1 인공지능이란 무엇일까요?

인공지능이란?

인공지능은 컴퓨터나 로봇이 사람처럼 생각하고 문제를 해결할 수 있게 만드는 과학입니다. 이는 수학, 컴퓨터 과학, 물리학 등 여러 학문을 기반으로 하고 있어요. 인공지능은 게임에서 승리하는 방법부터 병원에서 질병을 찾아내는 것까지 다양한 곳에서 쓰입니다.

출처: MS Bing Image Create

튜링 테스트

앨런 튜링

튜링 테스트는 영국의 수학자 앨런 튜링이 1950년에 제안한 아이디어(Computing Machinery and Intelligence)로, 컴퓨터가 인간 수준의 지능을 가졌는지 판단하는 방법입니다.

튜링 테스트의 기본 구조는 매우 단순합니다. 컴퓨터와 사람이 각각 하나씩 있고, 세 번째의 사람이 질문자 역할을 합니다. 질문자는 컴퓨터와 사람에게 질문하고, 그들의 답변을 통해 누가 컴퓨터이고 누가 사람인지 판단해야 합니다.

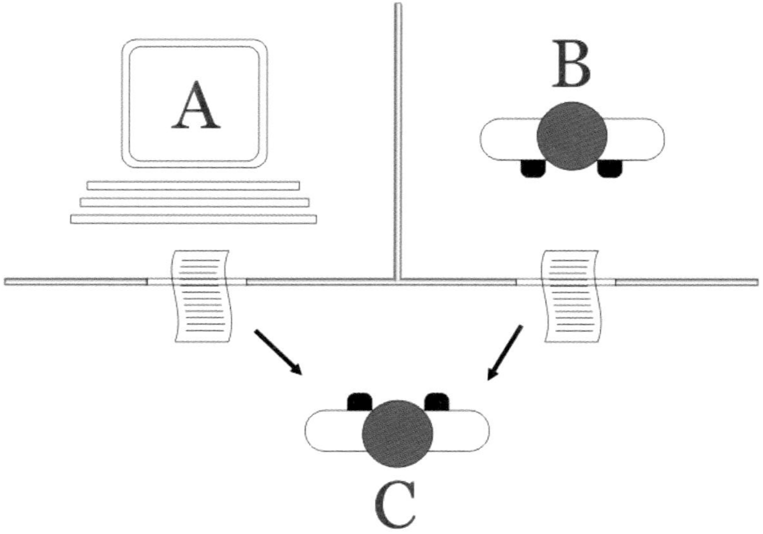

"앨런 튜링"의 사진은 "https://berichtenuithetverleden.wordpress.com/2013/01/29/alan-turing-1912-1954/", "튜링 테스트" 그림은 "https://en.wikipedia.org/wiki/Turing_test"에서 빌려 왔습니다.

만약 질문자가 컴퓨터와 사람을 구별하지 못한다면, 그 컴퓨터는 튜링 테스트를 통과한 것으로 간주됩니다. 이것은 컴퓨터가 인간처럼 생각하고 대화할 수 있음을 의미합니다. 튜링 테스트는 지능의 측정 방법으로 널리 인정되지는 않지만, 인공지능의 발전과 가능성을 이해하는 데 유용한 개념입니다.

튜링 테스트는 인공지능 연구뿐만 아니라 철학, 인지 과학, 언어학 등 다양한 분야에서도 큰 영향을 미치고 있습니다. 예를 들어, 언어를 이해하고 생성하는 능력은 인간의 지능을 나타내는 중요한 지표이기 때문에, 튜링 테스트는 이러한 능력을 측정하는 하나의 방법으로 볼 수 있습니다.

다트머스 회의: 인공지능 용어의 시작

다트머스 회의는 1956년 7월 미국 뉴햄프셔주 하노버에 있는 다트머스 대학교에서 열린 인공지능 학술 회의입니다. 이 회의는 인공지능이라는 용어가 처음 사용된 회의로, 인공지능 연구의 역사에서 중요한 의미를 지닙니다.

이 회의는 존 매카시, 마빈 민스키, 너대니얼 로체스터, 클로드 섀넌 등 인공지능 분야의 선구자들이 주최했습니다. 회의에는 앨런 튜링, 헤럴드 사이먼, 앨런 뉴웰 등 20여 명의 학자들이 참석했습니다.

회의에서 참석자들은 인공지능의 개념과 목표, 연구 방법 등에 대해 논의했습니다. 또한, 인공지능의 가능성과 한계, 윤리적 문제 등에 관해서도 토론했습니다.

다트머스 회의의 결과로 인공지능이라는 용어가 정립되고, 인공지능 연구의 기초가 마련되었습니다. 또한, 회의에서 논의된 내용은 인공지능 연구에 큰 영향을 미쳤습니다.

다트머스 회의의 주요 내용은 다음과 같습니다.

- ▶ 인공지능의 개념과 목표 　인공지능은 인간의 지능을 흉내 내는 기계를 만드는 연구 분야로 정의되었습니다.
- ▶ 연구 방법 　인공지능 연구는 수학, 심리학, 컴퓨터 공학 등 다양한 분야의 지식을 통합해야 한다는 점이 강조되었습니다.
- ▶ 가능성과 한계 　인공지능이 인간의 지능을 능가하는 것이 가능할 수 있다는 점이 제기되었습니다. 그러나 인공지능의 한계도 지적되었는데, 특히 인공지능이 인간의 창의성과 통찰력을 흉내 내는 데 어려움이 있을 것으로 예상하였습니다.
- ▶ 윤리적 문제 　인공지능의 발전으로 인한 윤리적 문제에 대한 논의가 시작되었습니다.

다트머스 회의는 인공지능 연구의 역사에서 중요한 이정표라고 할 수 있습니다. 이 회의를 통해 인공지능이라는 용어가 정립되고, 인공지능 연구의 기초가 마련되었으며, 인공지능의 가능성과 한계, 윤리적 문제 등에 대한 논의가 시작되었기 때문입니다.

인공지능의 역사

인공지능의 역사는 크게 세 가지 시대로 나눌 수 있습니다.

연대별 주요 사건

1950년
앨런 튜링이 '계산 기계와 지능'을 발표

1956년
다트머스 회의 개최

1957년
퍼셉트론 개발

1. 초기 인공지능 시대 (1950년대 ~ 1960년대)

1950년대부터 인공지능 연구가 본격적으로 시작되었습니다. 1956년 미국 다트머스 대학교에서 열린 다트머스 회의에서 존 맥카시가 인공지능(AI)이라는 용어를 처음 사용했습니다. 이 회의에는 앨런 튜링, 마빈 민스키, 헤럴드 사이먼 등 인공지능 분야의 선구자들이 참석하여 인공지능의 가능성에 대한 논의를 나누었습니다.

이 시기에는 앨런 튜링 테스트, 퍼셉트론, 델타 규칙, 에이전트 이론 등 인공지능의 기본 개념과 원리가 정립되었습니다. 또한, 에드워드 로젠블랫의 퍼셉트론, 존 맥카시와 로버트 로젠블랫의 리스퍼 등 최초의 인공지능 프로그램이 개발되었습니다.

1965년

앨런 튜링 테스트 도입

1973년

퍼셉트론의 한계 인정

1980년

인공지능의 겨울 시작

1997년

IBM의 딥 블루가 세계 체스 챔피언 가리 카스파로프를 꺾음

2000년대

딥러닝 기술 발전

2012년

구글의 알파고가 바둑 세계 챔피언 이세돌을 꺾음

2022년

딥마인드의 알파폴드가 인간을 능가하는 단백질 접힘 예측 성능 달성

2. 인공지능의 겨울 (1970년대 ~ 1980년대)

1970년대에 들어서면서 인공지능 연구는 급속도로 발전했습니다. 그러나 1980년대에 들어서면서 인공지능 연구는 큰 난관에 봉착하게 됩니다. 인공지능 프로그램이 기대만큼의 성능을 발휘하지 못하면서 많은 실패를 거듭했고, 이에 따라 인공지능 연구에 대한 투자가 줄어들면서 인공지능의 겨울이 도래하게 됩니다.

3. 인공지능의 부활 (1990년대 ~ 현재)

1990년대에 들어서면서 인공지능 연구는 다시 부활하게 됩니다. 컴퓨터 하드웨어의 발전과 머신러닝 기술의 발전으로 인공지능 프로그램의 성능이 크게 향상되었기 때문입니다. 또한, 딥러닝 기술의 개발로 인공지능은 이전과는 비교할 수 없을 정도로 발전하게 됩니다.

2000년대 이후 인공지능은 다양한 분야에서 폭넓게 활용되고 있습니다. 의료, 금융, 제조, 자율주행, 로봇 등 다양한 분야에서 인공지능이 활발하게 연구되고 있으며, 이미 우리 생활 속에 많은 인공지능 기술이 적용되고 있습니다.

머신러닝과 딥러닝의 차이

인공지능과 머신러닝 딥러닝의 포함 관계

인공지능, 머신러닝, 딥러닝은 종종 함께 언급되지만, 이 세 개의 개념은 각기 다른 의미를 가집니다.

인공지능(AI)
가장 넓은 범주로, 기계가 인간처럼 생각하고 행동할 수 있게 하는 기술 전반을 의미합니다. 인공지능은 문제 해결, 언어 이해, 의사 결정 등 다양한 능력을 포함하고 있습니다.

머신러닝(Machine Learning)
인공지능의 한 분야로, 기계가 데이터를 통해 학습하는 알고리즘과 방법론을 다룹니다. 여기서 '학습'이란, 데이터로부터 패턴을 찾아 성능을 개선하는 것을 의미합니다.

딥러닝(Deep Learning)
머신러닝의 하위 분야로, 신경망을 특히 깊게 만들어 복잡한 문제를 해결하려는 연구를 의미합니다. 딥러닝은 이미지 인식, 자연어 처리 등에서 뛰어난 성능을 보이고 있습니다.

따라서 딥러닝은 머신러닝에 속하고, 머신러닝은 인공지능에 속하는 것입니다

인공지능과 윤리

인공지능(AI)은 인간의 지능을 흉내 내는 기계를 만드는 연구 분야입니다. 인공지능은 이미 우리 삶의 많은 부분에서 활용되고 있으며, 앞으로 더욱 발전하여 우리의 삶을 더욱 편리하고 풍요롭게 만들어줄 것으로 기대됩니다.

그러나 인공지능의 발전은 윤리적 문제를 야기하기도 합니다. 인공지능은 인간의 삶에 큰 영향을 미칠 수 있는 기술이기 때문에, 인공지능을 개발하고 활용할 때에는 윤리적인 문제를 고려해야 합니다.

인공지능과 관련된 윤리적 문제

- ▶ 편향성　인공지능은 인간이 만든 데이터를 기반으로 학습하기 때문에, 인공지능 시스템에 편향이 발생할 수 있습니다. 이러한 편향은 특정 집단에 불이익을 초래할 수 있습니다.
- ▶ 책임성　인공지능 시스템이 잘못된 결과를 초래했을 때, 누구에게 책임이 있는지 명확하지 않을 수 있습니다. 인공지능 시스템의 개발자, 운영자, 사용자 모두 책임을 져야 할 수도 있습니다.
- ▶ 자율성　인공지능 시스템이 인간의 통제를 벗어나 독자적인 행동을 할 수 있는 가능성에 대한 우려가 있습니다. 이러한 가능성은 인간의 삶에 심각한 위협이 될 수 있습니다.

인공지능과 관련된 윤리적 문제 해결을 위한 노력

▶ 인공지능 시스템의 편향성을 제거하기 위한 노력

인공지능 시스템의 개발과 활용 과정에서 편향성을 최소화하기 위한 노력이 필요합니다. 이를 위해 데이터 수집과 처리, 모델 학습 등에 있어서 다양한 관점에서의 의견을 수렴하고, 편향성 검증을 위한 체계를 마련해야 합니다.

▶ 인공지능 시스템의 책임성을 명확히 하기 위한 노력

인공지능 시스템의 개발자, 운영자, 사용자 모두의 책임을 명확히 하기 위한 노력이 필요합니다. 이를 위해 인공지능 시스템의 개발과 활용에 대한 법적 규범을 마련하고, 인공지능 시스템의 안전성과 윤리성을 평가하기 위한 기준을 마련해야 합니다.

▶ 인공지능 시스템의 자율성에 대한 사회적 합의를 이루기 위한 노력

인공지능 시스템의 자율성에 대한 사회적 합의를 이루기 위한 노력이 필요합니다. 이를 위해 인공지능 시스템의 발전에 따른 위험과 기회를 균형 있게 평가하고, 인공지능 시스템의 개발과 활용에 대한 사회적 논의를 활성화해야 합니다.

인공지능은 우리 삶에 큰 영향을 미칠 수 있는 기술이기 때문에, 인공지능을 개발하고 활용할 때에는 윤리적인 문제를 고려해야 합니다. 인공지능과 관련된 윤리적 문제를 해결하기 위한 노력을 통해, 인공지능이 인류에게 이익이 되는 기술로 발전할 수 있도록 해야 합니다.

2 엔트리 시작하기

엔트리란?

엔트리 Entry는 네이버 커넥트 재단에서 운영하는 비영리 교육 플랫폼이며 소프트웨어를 통해 미래를 꿈꾸고 함께 성장하도록 돕는 창작 플랫폼입니다. 모든 저작물은 교육 목적에 한해 출처를 밝히고 자유롭게 이용할 수 있습니다. 엔트리는 소프트웨어 교육을 누구나 쉽게 무료로 받을 수 있도록 개발된 교육용 프로그래밍 언어입니다.

우리는 무엇이든 될 수 있어요.
엔트리는 소프트웨어를 통해 미래를 꿈꾸고 함께 성장하는 창작 플랫폼입니다.
MAP

그림은 엔트리 홈페이지 "https://playentry.org/about"에서 빌려 왔습니다.

엔트리는 크롬 브라우저를 사용합니다.

엔트리 접속하고 회원 가입하기

엔트리는 온라인 버전과 내 컴퓨터에서 다운로드 받아서 사용할 수 있는 오프라인 버전이 있습니다. 우리가 이 책에서 활용할 인공지능 활용 블록은 온라인 상태에서 동작하고 반드시 구글 크롬 브라우저를 사용해야 정상적인 속도와 기능으로 사용할 수 있습니다.

엔트리 회원 가입을 위해서는 다음 순서와 같이 진행하고, 회원 가입을 완료하면 인터넷을 사용할 수 있는 모든 장소에서 작품을 만들고 수정할 수 있습니다.

단계 1

구글 크롬 브라우저에서 검색 단어를 '엔트리'를 입력하여 검색하거나, 크롬 브라우저의 주소 창에 playentry.org를 입력하여 엔트리 웹 페이지로 이동합니다.

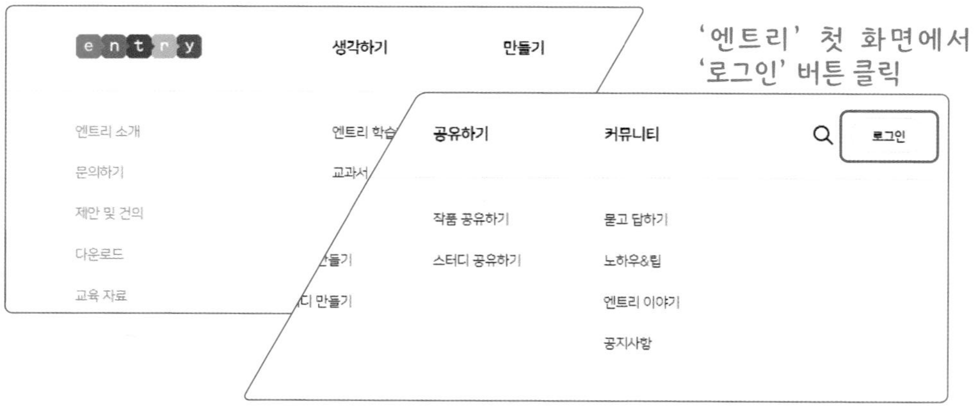

단계 2

엔트리 첫 화면에서 오른쪽 상단에 있는 [로그인]을 클릭합니다.

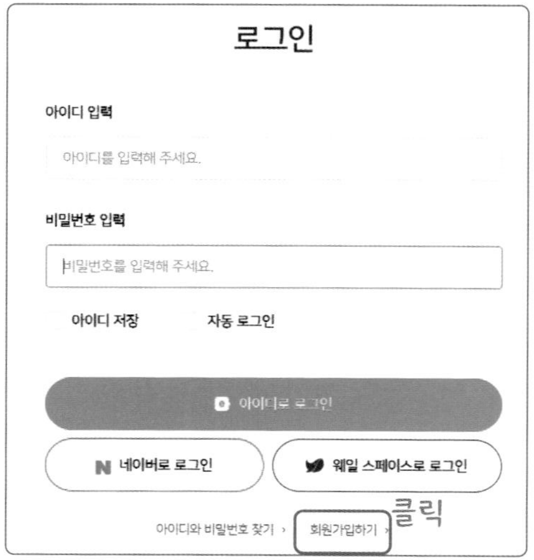

단계 3

'로그인' 화면에서 아래에 위치한 '회원가입하기'를 클릭합니다.

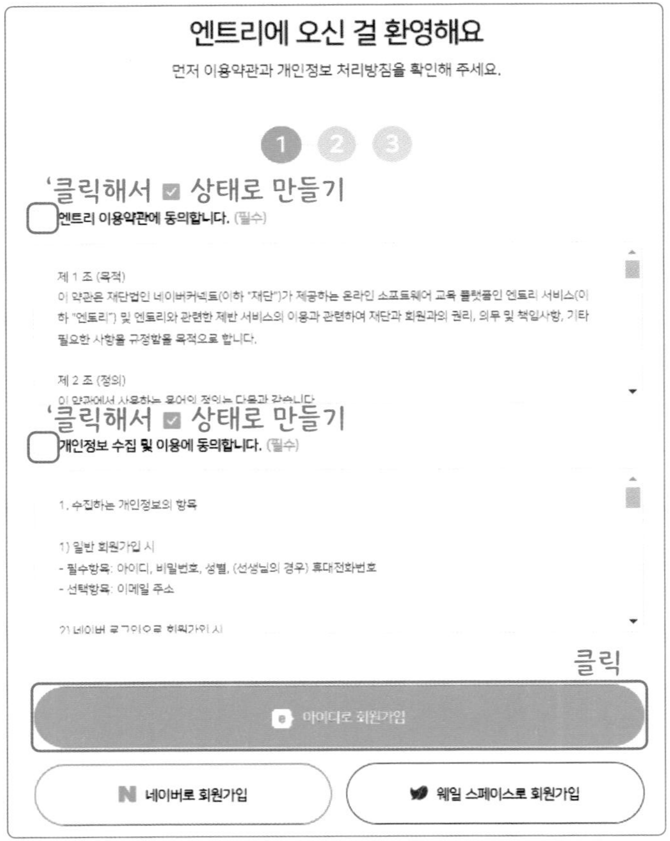

단계 4

'엔트리 이용약관에 동의합니다.' 항목과 '개인정보 수집 및 이용에 동의합니다.' 항목에 모두 체크하고, [아이디로 회원가입]을 클릭합니다.

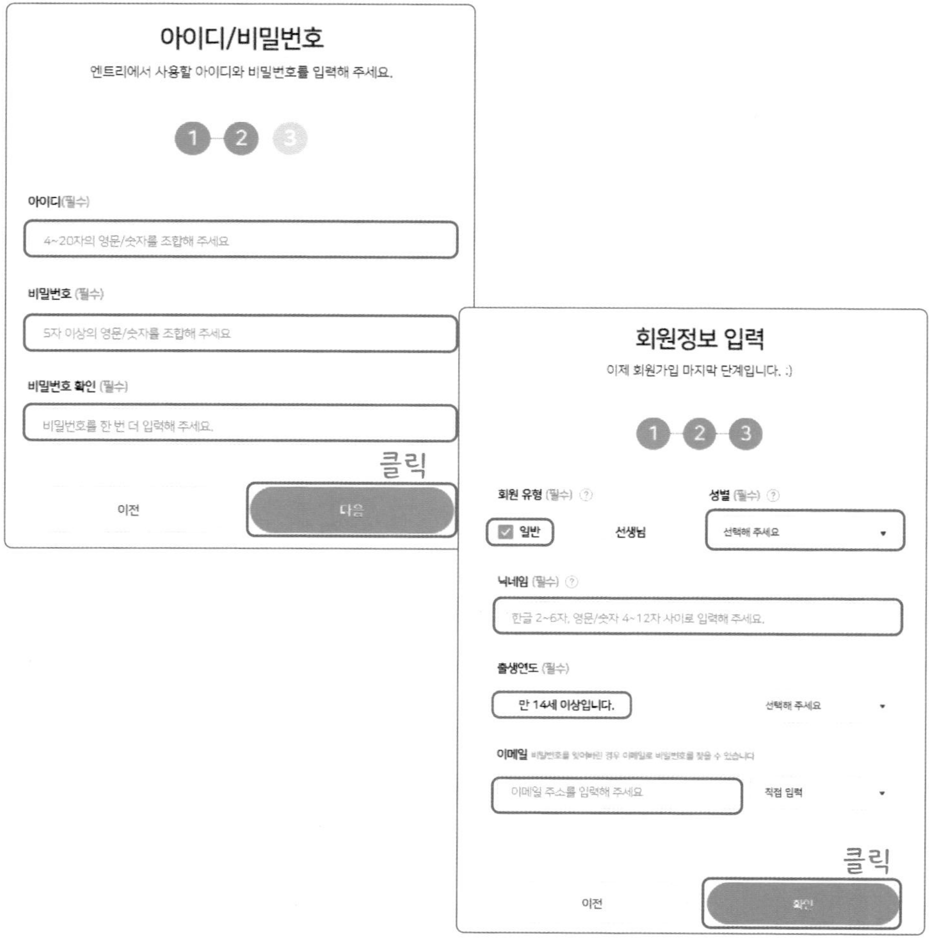

단계 5

'아이디/비밀번호' 화면에서 아이디와 비밀번호를 두 번 입력하고 다음 을 클립합니다.

'회원정보 입력' 화면에서 회원정보를 입력하고 확인 을 클릭합니다.

- 회원 유형 '일반'을 선택합니다.
- 성별 '남성', '여성' 중에서 선택합니다.
- 닉네임 닉네임을 입력합니다.
- 출생년도 14세 이상이면 '만 14세 이상입니다.' 항목에 클릭합니다. 오른쪽 '선택해 주세요'를 클릭하여 자신이 태어난 해를 선택합니다.
- 이메일 자신의 이메일 주소를 입력합니다.

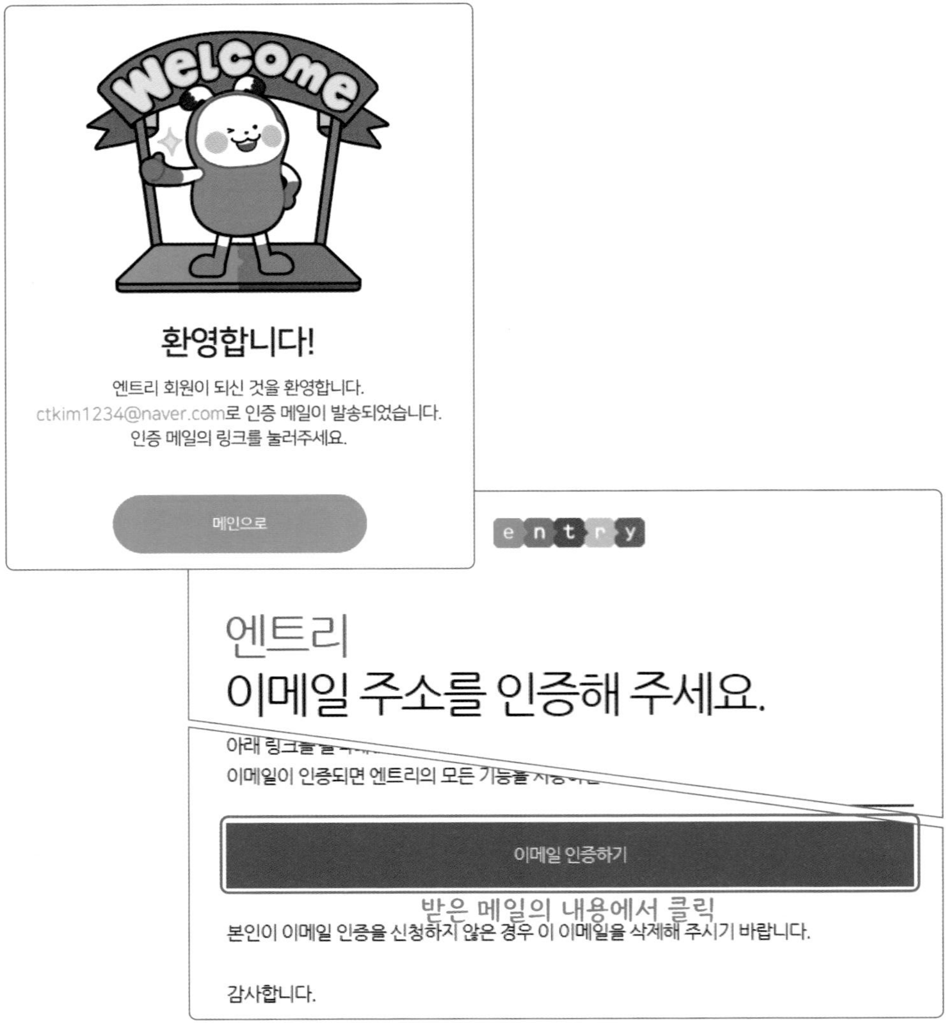

단계 6

'환영합니다.!' 메시지를 확인합니다. 회원 가입 과정에서 입력한 이메일 주소로 접속하여 인증 메일의 내용 중 **이메일 인증하기**를 클릭하면 가입이 완료되며, 엔트리에 로그인 됩니다.

단계 7

자신의 아이디와 비밀번호를 사용하여 로그인 하면 엔트리 첫 화면의 오른쪽 위에 있는  아이콘을 클릭하면 정상적으로 로그인 된 경우 자신의 닉네임 등 정보를 확인할 수 있습니다. 정상으로 로그인되었는지 확인해 보기 바랍니다.

3 엔트리 환경 살펴보기

엔트리 작품 실행화면

❶ 엔트리 로고 엔트리 홈으로 이동하거나 작품 상세페이지로 이동할 수 있습니다.

❷ 작품 제목 클릭하여 작품의 이름을 수정할 수 있습니다.

❸ 만들기 모드 블록 코딩과 엔트리 파이썬(텍스트 코딩)을 선택할 수 있습니다. 지금 교재에서는 엔트리 파이썬에 대해서는 다루지 않아 변경할 필요는 없습니다.

❹ 새로 만들기 / 불러오기 / 오프라인 작품 불러오기

새 작품을 만들거나 기존의 작품을 불러올 수 있습니다. 클릭하면 지금의 작품에서 벗어나게 되니까 지금의 작품을 저장해 두고 클릭하는 것이 좋습니다.

❺ 저장 하기

저장 하기 현재 작업 중인 작품을 '나의 작품'에 저장합니다. 주로 사용해야 할 기능입니다.

복사본으로 저장하기 현재 작품을 원본으로 두고, 새로운 작품 이름으로 '나의 작품'에 저장합니다.

내 컴퓨터에 저장하기 온라인이 아닌 내 컴퓨터(오프라인)에 ent 형식의 프로젝트 파일로 저장할 수 있습니다.

❻ 도움말 선택한 블록에 대한 설명이 나타나 도움을 받을 수 있습니다.

❼ 출력하기 실행화면과 모든 오브젝트, 코드 등을 한눈에 정리해서 인쇄할 수 있습니다.

❽ 되돌리기 / 되살리기 작품을 이전으로 되돌리거나 이후로 되살릴 수 있습니다.

❾ 기본형 / 교과형 기본형에서는 엔트리의 모든 기능을 사용할 수 있지만, 교과형에서는 수업에서 활용하기에 적합한 최소한의 기능만 사용할 수 있습니다.

❿ 로그인 메뉴 마이 페이지, 회원 정보 수정, 로그아웃을 선택해 진행할 수 있습니다.

⓫ 사용언어 사용할 수 있는 언어로 한국어와 영어 중 선택할 수 있습니다

❶ 장면　표시된 장면의 이름을 바꾸거나 [+]을 클릭하여 새로운 장면을 추가할 수 있습니다.

❷ 속도 조절　클릭하면 작품의 실행속도를 1~5 단계로 조절할 수 있습니다.

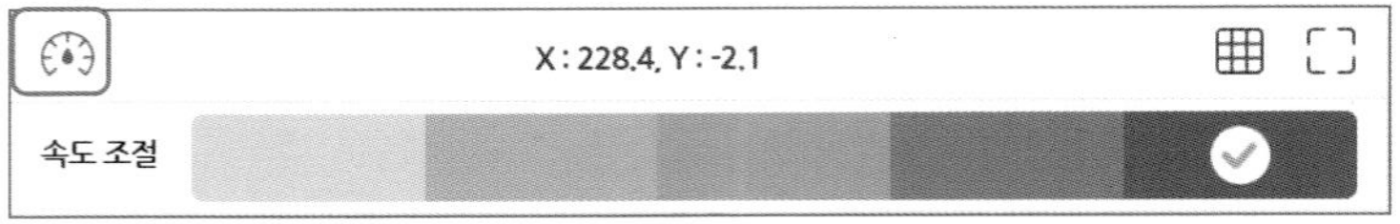

❸ 좌표　간단히 설명하면 X는 가로의 위치, Y는 세로의 위치를 의미합니다.

❹ 모눈 종이　위치 설정을 돕기위해 화면에 눈금을 보이게 하거나 사라지게 합니다.

❺ 크게 보기　실행화면을 크게 볼 수 있습니다. 큰 실행 화면의 오른쪽 아래에 있는 를 클릭하면 원래의 크기고 돌아갑니다.

❻ 오브젝트　오브젝트의 위치를 변경하거나 크기를 조절할 수 있습니다.

❼ 오브젝트 추가하기　원하는 또다른 오브젝트를 추가할 수 있습니다.

❽ 시작하기　작품을 시작합니다.

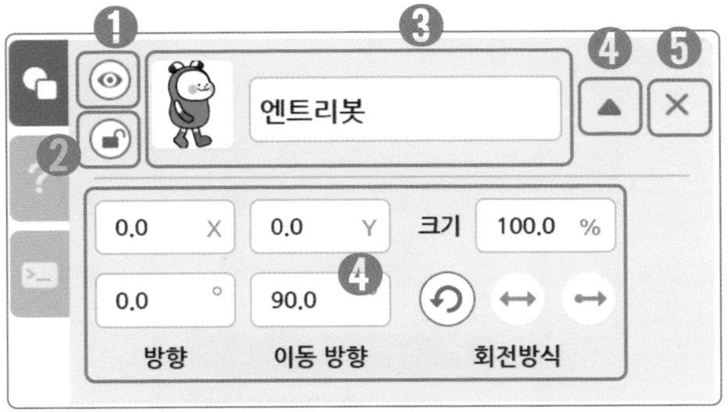

❶ 눈 아이콘 실행화면에서 오브젝트를 보이거나 보이지 않게 설정할 수 있습니다.

❷ 자물쇠 자물쇠가 잠겨있을 경우 오브젝트를 삭제하거나 속성을 수정할 수 없습니다. 클릭하면 잠금과 풀기를 반복합니다.

❸ 오브젝트 제목 오브젝트의 이름을 수정할 수 있습니다.

❹ 화살표 화살표를 클릭하면 오브젝트의 정보 좌표, 크기, 방향(기울기) 등을 확인하고 입력할 수 있는 영역이 표시됩니다. 다시 클릭하면 해당 영역을 안 보이게 합니다.

❺ × **선택한** 오브젝트를 삭제합니다.

메뉴 탭 영역 - 블록 탭

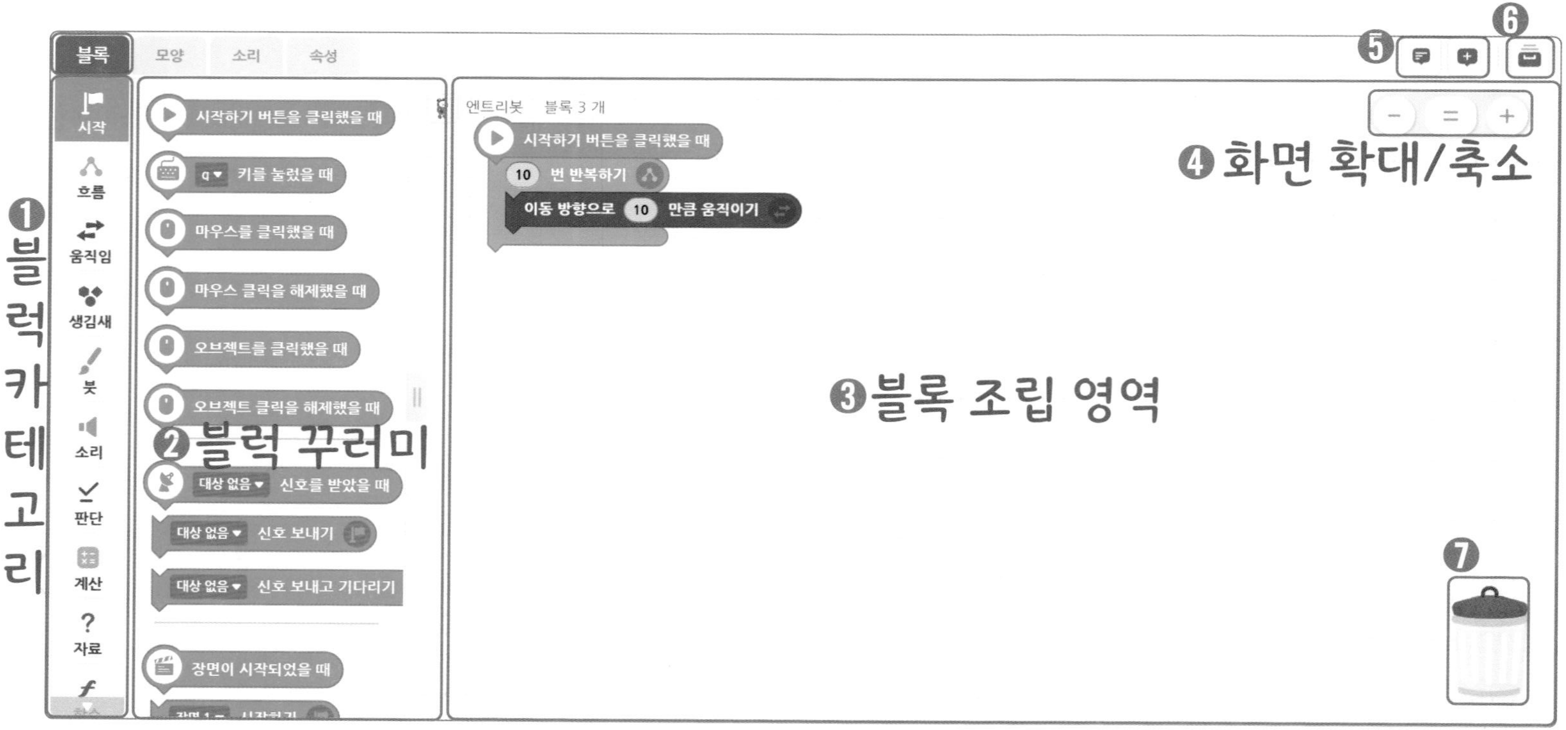

블록
모양
소리
속성
① 블럭 카테고리
시작
흐름
움직임
생김새
붓
소리
판단
계산
자료
시작하기 버튼을 클릭했을 때
q 키를 눌렀을 때
마우스를 클릭했을 때
마우스 클릭을 해제했을 때
오브젝트를 클릭했을 때
오브젝트 클릭을 해제했을 때
② 블럭 꾸러미
대상 없음 신호를 받았을 때
대상 없음 신호 보내기
대상 없음 신호 보내고 기다리기
장면이 시작되었을 때
엔트리봇 블록 3 개
시작하기 버튼을 클릭했을 때
10 번 반복하기
이동 방향으로 10 만큼 움직이기
③ 블록 조립 영역
④ 화면 확대/축소
⑤
⑥
⑦

❶ 블록 카테고리　엔트리의 블록을 기능별로 분류해 놓은 영역입니다. 시작, 흐름, 움직임, 생김새, 등을 클릭하면 각 영역에 해당하는 블록을 블록 꾸러미에서 확인할 수 있습니다.

❷ 블록 꾸러미 선택한 블록 카테고리에서 사용 가능한 블록의 목록을 보여줍니다. 마우스로 드래그하여 블록 조립 영역으로 옮길 수 있습니다.

❸ 블록 조립 영역　블록 꾸러미로부터 옮긴 블록을 배치하고 조립할 수 있는 공간입니다.

❹ 화면 확대/축소

- 화면 축소　= 원래 크기　+ 화면 확대

❺ 메모　작품이나 장면 등에 대한 설명을 입력할 수 있습니다.

❻ 나의 보관함　**블록이나 오브젝트를 저장했다가 복사해서 사용하는 기능입니다.**

❼ 휴지통　**사용하지 않는 블록을 버릴 수 있는 곳입니다.**

메뉴 탭 영역 – 모양 탭

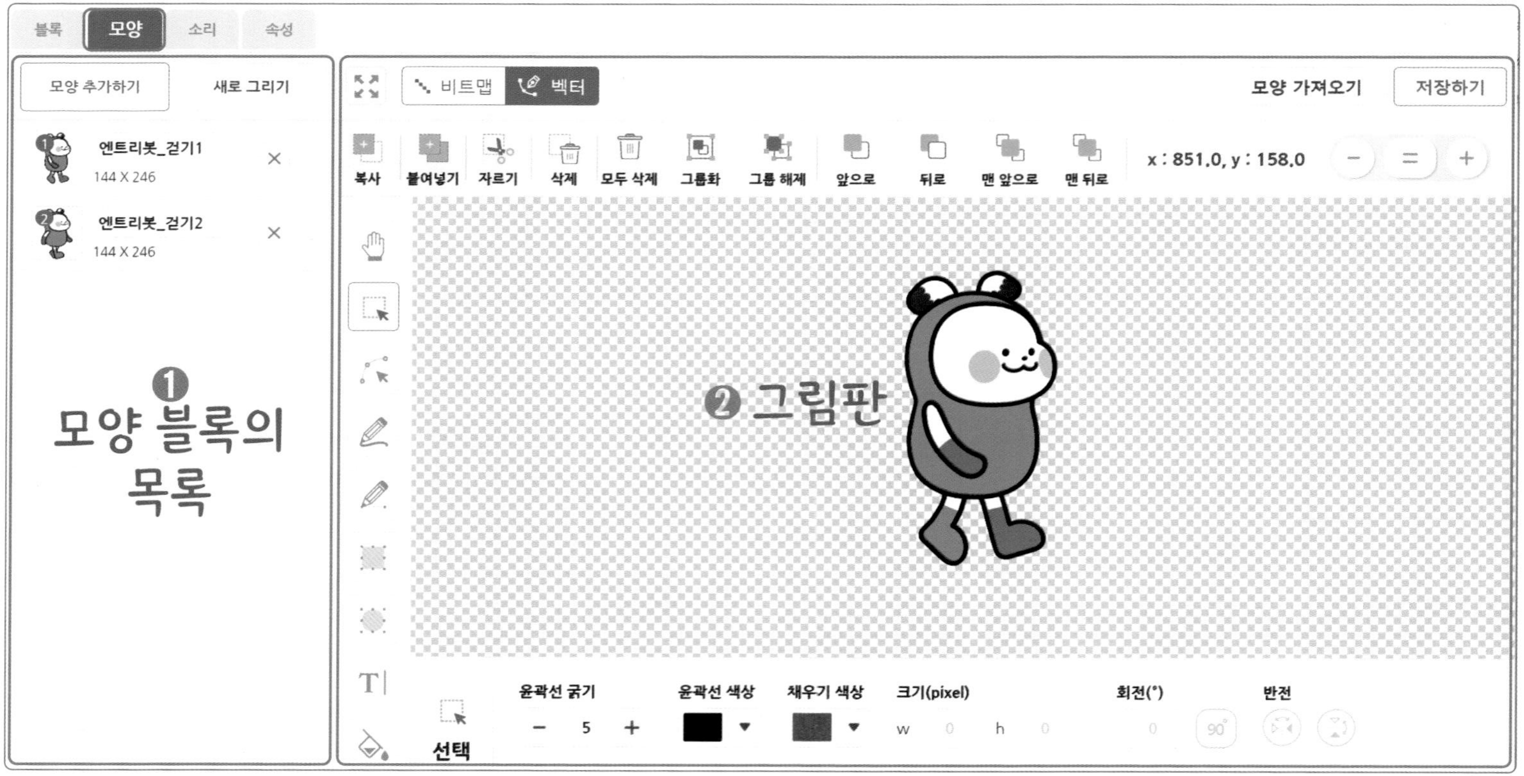

❶ 모양 블록의 목록 　오브젝트는 모양이 하나인 오브젝트도 있지만, 여러 개의 모양을 가질 수도 있습니다. 모양을 추가하거나 이름을 변경할 수 있습니다.

❷ 그림판 　오브젝트의 모양을 직접 그리거나 편집할 수 있습니다. 모양을 수정한 뒤에는 [저장하기] 버튼을 클릭해야 완료됩니다.

메뉴 탭 영역 - 소리 탭

오브젝트의 소리를 추가하거나 관리할 수 있습니다. 오브젝트에는 하나의 소리 목록이 존재합니다. [소리 추가하기] 버튼을 통해 원하는 소리를 목록에 추가할 수 있습니다.

메뉴 탭 영역 – 속성 탭

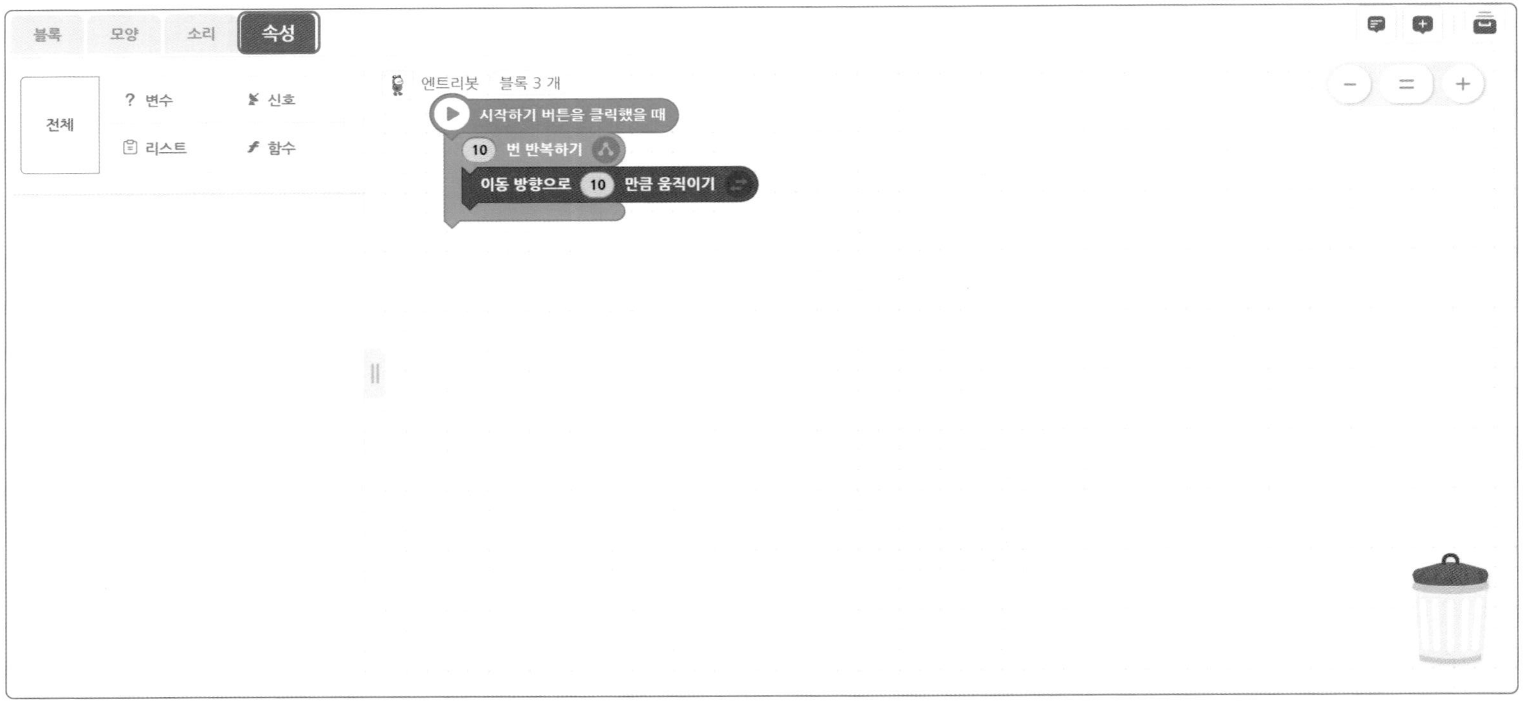

작품에서 사용하는 변수, 리스트, 신호, 함수를 관리할 수 있습니다. 변수는 숫자나 문자 데이터를 저장할 수 있습니다. 리스트는 숫자나 문자 데이터를 여러 개 저장할 수 있습니다. 신호는 오브젝트의 블록이 동작할 타이밍을 알려주는 기능을 뜻합니다. 함수는 여러 블록의 조립을 하나의 블록처럼 사용할 수 있는 기능입니다.

4 엔트리 블록을 활용해요- 시작 블록

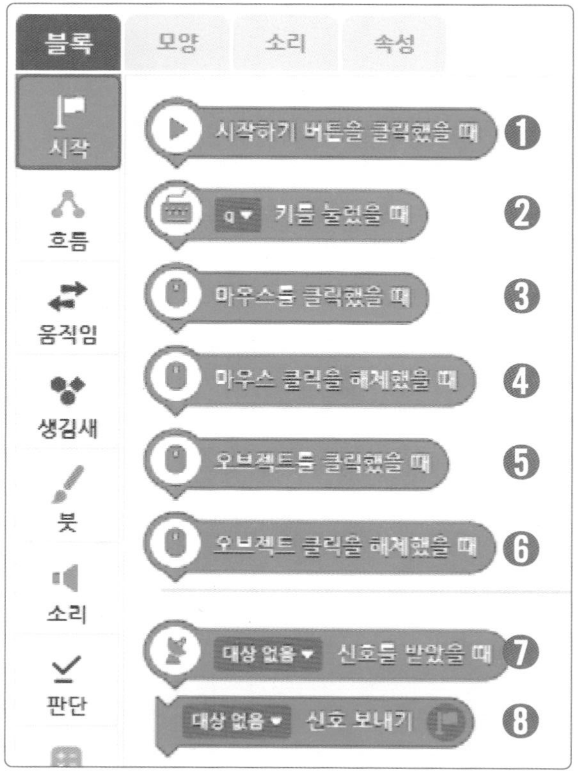

❶ ▶ 시작하기 버튼을 클릭하면 연결된 아래의 블록이 동작합니다.

❷ q▾ 키를 누르면 연결된 아래의 블록이 동작합니다. ▾ 를 클릭하면 표시되는 키 목록에서 선택하거나, 직접 키를 눌러서 정할 수 있어요.

❸ 실행화면 영역에서 마우스를 왼쪽 버튼 또는 오른쪽 버튼이나 휠 버튼을 누를 때 연결된 아래의 블록이 동작합니다.

❹ 실행화면 영역에서 마우스 클릭을 해제했을 때, 즉 마우스 버튼을 눌렀다 놓았을 때 연결된 아래의 블록이 동작합니다.

❺ 실행 화면에서 오브젝트를 클릭했을 때 연결된 아래의 블록이 동작합니다.

❻ 실행 화면에서 오브젝트 클릭을 해제했을 때 연결된 아래의 블록이 동작합니다. 오브젝트 영역의 바깥에서 클릭을 해제해도 동작해요.

❼ 신호를 받으면 연결된 아래의 블록이 동작합니다. 어디선가 신호를 보내면 시작 블록이 동작합니다. 대상 없음▾ 을 클릭하면 사용자가 등록한 신호 목록이 표시됩니다.

❽ 다른 오브젝트에게 신호를 보냅니다. 대상 없음▾ 을 클릭하면 사용자가 등록한 신호 목록이 표시됩니다.

❾ 신호를 보내고, 신호를 받은 모든 블록의 실행이 끝날 때 까지 기다린 후에 연결된 다음 블록이 동작합니다.

⑨ 신호를 보내고, 해당 신호를 받은 모든 블록의 실행이 끝날 때 까지 기다린 후에 연결된 다음 블록이 동작합니다. 대상 없음▾ 을 클릭하면 보낼 신호를 선택할 수 있어요.

⑩ 장면이 시작되면 연결된 아래의 블록이 동작합니다. ▶ 시작하기 버튼을 클릭하여 장면이 시작되었을 경우 이 블록은 동작하지 않아요.

⑪ 장면을 시작합니다. 현재 장면을 다시 시작할 수도 있어요. 장면 1▾ 을 클릭하면 시작할 장면을 선택할 수 있어요.

⑫ 다음▾ 을 '이전' 또는 '다음'을 선택할 수 있어요. 현재 장면을 기준으로 이전 장면 또는 다음 선택하여 선택한 장면을 시작합니다.

5 엔트리 블록을 활용해요- 흐름 블록

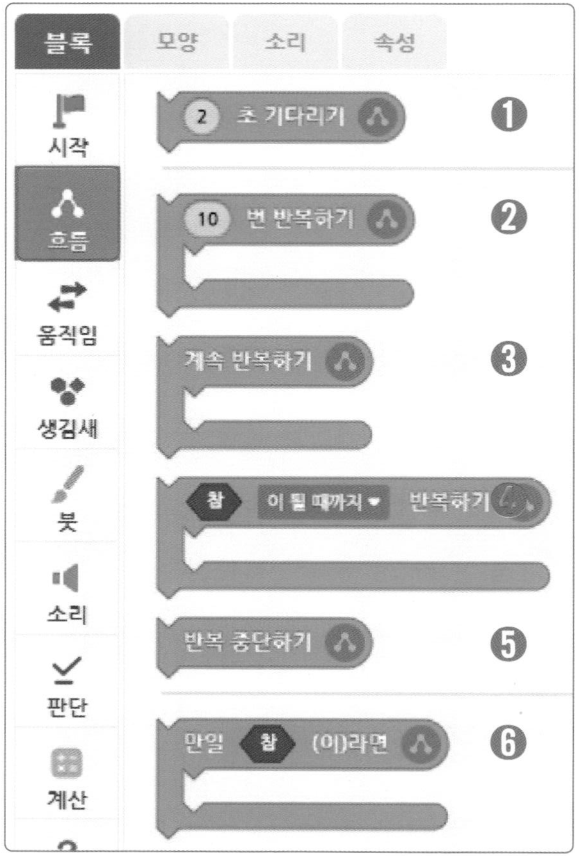

❶ 입력한 시간만큼 기다린 후에 연결된 다음 블록이 동작합니다. (2)를 클릭해서 기다리는 시간을 입력할 수 있어요.

❷ 지정한 횟수만큼 감싸인 블록이 반복해서 동작합니다. (10)을 클릭해서 반복할 횟수를 입력할 수 있어요.

❸ 감싸고 있는 블록을 계속해서 반복 동작합니다. ❺의 '반복 중단하기' 블록으로 멈출 수 있어요.

❹ '참'이 될 때까지 또는 '참'인 동안 감싸고 있는 블록을 반복 동작할지 결정합니다. [이 될 때까지▾]를 클릭하여 '이 될 때까지' 또는 '인 동안'을 선택할 수 있어요.

❺ [반복 중단하기] 블록이 조립, 즉 연결되어 있는 블록 중 가장 가까이 있는 반복 블록이 반복을 멈추게 됩니다.

❻ [만일 참 (이)라면] 블록이 '참'이라면 감싸고 있는 블록이 동작합니다. '거짓'이라면, 감싸고 있는 블록이 동작하지 않고 다음 블록이 동작하게 됩니다. 이 블록은 다른 블록과 결합해서 사용합니다. '참' 또는 '거짓'에 들어가는 블록은 여러 가지 종류의 블록이 있습니다.

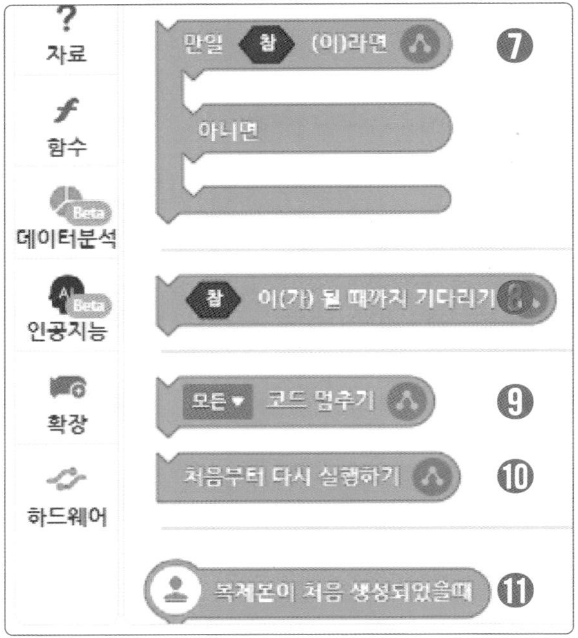

⑦ 만일 참 (이)라면 블록이 '참'이라면 아니면 블록 전까지 연결된 블록이 동작합니다. '거짓'이라면 아니면 블록 다음부터 감싸고 있는 블록이 동작합니다.

⑧ 판단 블록이 '참'이 될 때까지 실행을 멈추고 기다렸다가, '참'이 되면 다음 블록이 동작합니다.

⑨ **모든** 작품의 모든 블록이 동작을 멈춥니다.
오브젝트 이 오브젝트의 모든 블록이 동작을 멈춥니다.
이 블록 이 블록과 조립한 블록이 동작을 멈춥니다.
이 블록과 다른 이 오브젝트에서 이 블록과 조립한 블록을 제외한 모든 블록이 동작을 멈춥니다.
다른 오브젝트 다른 오브젝트의 모든 블록이 동작을 멈춥니다.

⑩ 작품을 처음부터 다시 실행합니다. ▶ 시작하기 버튼을 클릭했을 때와 똑같이 작품을 실행해요.

⑪ 어떤 오브젝트의 복제본이 새로 생성되었을 때, 해당 복제본에서만 이 블록에 조립된 블록이 동작합니다.

복제와 관련된 블록으로 자신▼ 의 복제본 만들기 이 복제본 삭제하기 모든 복제본 삭제하기 블록이 더 있습니다.

6 엔트리 블록을 활용해요- 움직임 블록

❶  오브젝트의 이동 방향 화살표가 가리키는 방향으로 입력한 거리만큼 움직입니다. 입력한 거리가 음수이면 이동 방향의 반대 방향으로 움직여요. (10)을 클릭하면 숫자를 입력할 수 있어요.

❷ 오브젝트가 이동 중에 화면 끝에 닿으면 한 번 튕깁니다. 벽에 닿아 튕기면 이동 방향은 반대로 바뀌고, 오브젝트는 상하좌우가 바뀌게 됩니다.

❸ 오브젝트의 x 좌표를 입력한 수(value라고 함)만큼 움직입니다. (10)을 클릭하면 수(value)를 입력할 수 있어요. 입력한 수가 0보다 큰 양수이면 오른쪽으로 움직이고, 0보다 작은 음수이면 왼쪽으로 움직여요.

❹ 오브젝트의 y 좌표를 입력한 수(value)만큼 움직입니다. 입력한 수가 0보다 큰 양수이면 위로 움직이고, 0보다 작은 음수이면 아래로 움직여요.

❺ 입력한 시간(value)동안 이 오브젝트의 x, y 좌표를 현재 위치에서 각각 입력된 수만큼 움직입니다.

❻ 오브젝트가 현재 위치와 상관 없이 입력한 x 좌표로 이동합니다. 10 을 클릭하면 숫자를 입력할 수 있어요.

❼ 오브젝트가 현재 위치와 상관 없이 입력한 y 좌표로 이동합니다.

❽ 오브젝트가 현재 위치와 상관 없이 입력한 x, y 좌표로 이동합니다.

❾ 오브젝트를 입력한 시간 동안 x, y 좌표로 이동합니다. 각각의 숫자를 클릭하면 새로운 수(value)를 입력할 수 있어요.

❿ 지정한 오브젝트가 선택한 위치로 이동합니다.

이 밖에 오브젝트의 방향을 바꾸는 회전하기 블록과 방향을 지정한 각도로 방향을 정하는 블록이 있습니다.

7 엔트리 블록을 활용해요 - 생김새 블록

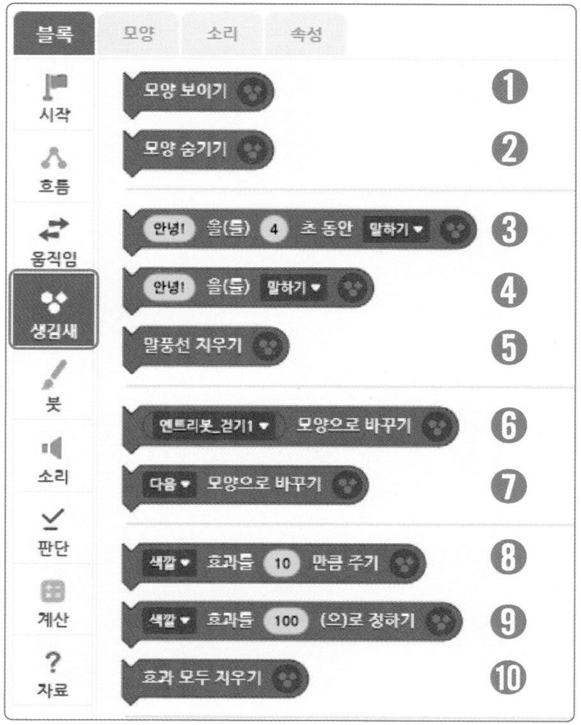

❶ 오브젝트를 보이게 합니다.

❷ 오브젝트를 실행 화면에서 보이지 않게 숨깁니다.

❸ 오브젝트가 입력한 내용(value) 안녕! 을 입력한 시간 4 동안 말풍선 말하기▾ 으로 보여줍니다.

❹ 오브젝트가 입력한 내용을 말풍선으로 보여줍니다. ❸과의 차이는 시간이 없는 것이예요.

❺ 오브젝트에 표시된 말풍선을 지웁니다. 쉿!

❻ 오브젝트의 모양을 바꿉니다. 모양 값 블록(icon-looksvalue) 엔트리봇_걷기1▾ 을 드래그하여 분리하고, 값 블록(value)에 숫자를 입력하면, 모양 목록에 해당하는 순서의 모양으로 바꿀 수 있습니다. 모양 목록에는 기본으로 '엔트리봇_걷기1'과 '엔트리봇_걷기2'가 있어요.

❼ 오브젝트의 모양을 모양 목록의 순서에 따라 이전 또는 다음 모양으로 바꿉니다.

❽ 오브젝트에 입력한 숫자(value)만큼 지정한 효과를 줍니다.

❾ 오브젝트에 지정한 효과를 입력한 숫자로 정합니다.

❿ 오브젝트에 설정된 효과를 모두 지웁니다.

⑪ 오브젝트의 크기를 입력한 크기(value) 만큼 바꿉니다.
⑫ 오브젝트의 크기를 입력한 크기로 정합니다.
⑬ 오브젝트의 모양을 세로 방향으로 뒤집습니다.
⑭ 오브젝트에 오브젝트의 모양을 가로 방향으로 뒤집습니다.
⑮ 실행화면에서 오브젝트가 보이는 순서를 바꿉니다.

8 엔트리 블록을 활용해요 – 판단 블록

❶ 실행화면에서 마우스를 클릭하면 참으로, 아니라면 거짓으로 판단하는 블록입니다.

❷ 오브젝트를 마우스 키로 누르고 있으면 참으로, 아니라면 거짓으로 판단하는 블록입니다.

❸ 지정된 q▾ 키를 누르고 있으면 참으로, 아니라면 거짓으로 판단하는 블록입니다. q▾를 클릭하면 지정할 수 있는 키 목록이 표시되요. 원하는 키를 선택하여 지정된 키를 바꿀 수 있어요.

❹ 오브젝트가 선택한 마우스포인터▾ 항목에 닿았다면 참으로, 아니라면 거짓으로 판단하는 블록입니다. 마우스포인터▾를 클릭하면 선택할 수 있는 항목의 목록이 표시되요.

❺ 입력된 숫자인가 판단해서 숫자이면 참으로, 아니라면 거짓으로 판단하는 블록입니다.

❻❼❽❾❿⓫ 숫자의 크기를 비교하거나 문자의 길이를 비교할 수 있는 블록들입니다.

⑫ 그리고▾ 로 결합하는 앞뒤의 두 판단 블록 참 이 모두 참이면 참으로, 두 판단 블록 중 하나라도 거짓이면 거짓으로 판단하는 블록입니다.

⑬ 또는▾ 으로 결합하는 앞뒤의 두 판단 블록이 하나라도 참 이거나 두 블록이 모두 참이면 참으로, 두 판단 블록이 모두 거짓이면 거짓으로 판단하는 블록입니다.

⑭ 결합한 판단 블록 참 이 참이면 거짓으로, 거짓이면 참으로 판단하는 블록입니다. 청개구리 같은 블록이에요.

⑮ 부스트 모드가 켜져 있는지 판단하는 블록입니다. 부스트 모드는 작품에 이미지가 많이 포함된 경우 빠르게 연산할 수 있도록 작품을 실행하는 모드 입니다. 작품에 포함된 오브젝트와 모양의 수가 많고 용량이 클수록 속도에 차이가 있습니다.

9 엔트리 블록을 활용해요 – 계산 블록

❶❷❸❹ [+] 앞뒤에 지정된 숫자를 사용하여 덧셈, 뺄셈, 곱셈 또는 나눗셈을 계산합니다. [+]를 클릭하면 +, -, ×, /을 바꿀 수 있어요. [+]는 문자와 문자를 연결하는 기능을 할 수 있습니다.

❺ 입력한 두 수 사이에서 무작위로 한 수를 구하는 블록입니다.

❻ 마우스의 x 또는 y 좌표를 가져오는 블록입니다.

❼ 엔트리봇 또는 자신의 x 좌푯값 등의 값을 가져오는 블록입니다. [엔트리봇▾]을 클릭하여 '엔트리봇' 또는 '자신'을 선택할 수 있어요. [x 좌푯값▾]을 클릭하면 가져올 수 있는 값의 목록으로 x 좌푯값, y 좌푯값, 방향, 이동방향, 크기, 모양 번호, 모양 이름이 표시됩니다. 필요한 값을 선택할 수 있어요.

❽ 작품의 소리 크기를 가져오는 블록입니다.

❾ 왼쪽에 입력한 수를 오른쪽에 입력한 수로 나눈 몫이나 나머지를 구하는 블록입니다.

❿ 입력한 수에 대한 다양한 수학식의 결과를 구하는 값 블록입니다. [제곱▾]을 클릭하면 표시되는 수학식의 종류는 제곱, 루트, 로그값, 소수점 부분, 소수점 버림값, 소수점 올림값과 삼각함수와 관련된 수학식이 있습니다.

⓫ 초시계의 시간을 가져오는 블록입니다.

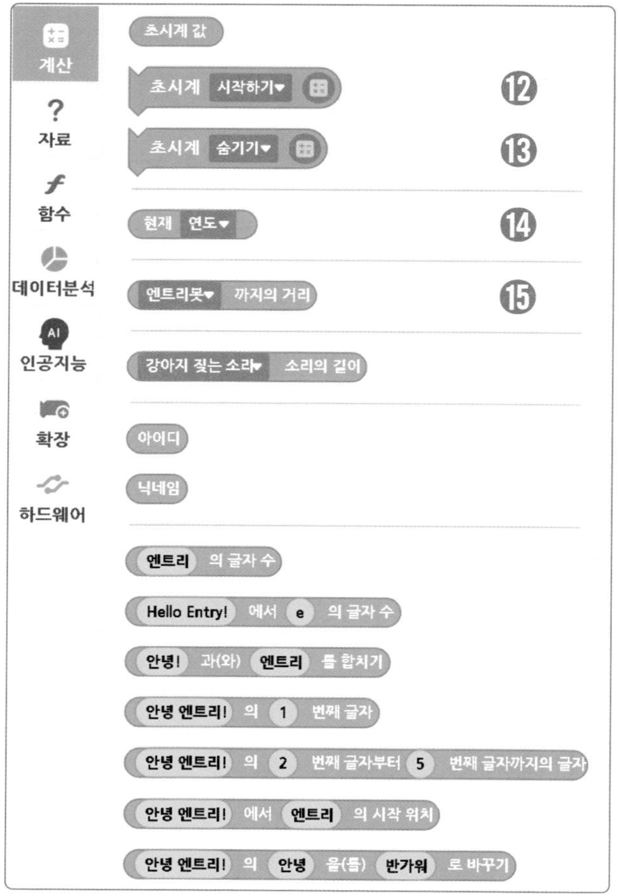

⑫ 초 시계를 시작합니다. 시작하기▾ 를 클릭하면 시작하기, 정지하기, 초기화하기를 선택할 수 있어요.

⑬ 초 시계를 숨기는 블록입니다. 숨기기▾ 를 클릭하면 숨기기, 보이기를 선택할 수 있어요.

⑭ 현재 연도를 가져오는 블록입니다. 연도▾ 를 클릭하면 가져올 수 있는 값의 목록으로 연도, 월, 일, 요일, 시각(시), 시각(분), 시각(초)를 선택할 수 있어요.

⑮ 현재 오브젝트로부터 선택한 오브젝트 사이의 거리 또는 현재 오브젝트로부터 마우스 포인터까지의 거리를 구하는 블록입니다. 엔트리봇▾ 을 클릭하면 선택할 수 있는 오브젝트 목록과 마우스 포인터 항목이 표시됩니다.

이 밖에 다양한 계산을 실행하는 블록이 있어요.

10 엔트리 블록을 활용해요 - 자료 블록

① 블록에 입력한 내용 **안녕!** 을 말풍선으로 묻고, 실행화면에 대답을 입력할 수 있는 창이 표시됩니다.

② 입력한 대답 창에 입력한 내용을 가져오는 블록입니다.
③ 대답을 표시하는 영역을 실행 화면에서 숨기거나 나타냅니다.

11 엔트리 블록을 활용해요 - 인공지능 블록

우리 일상에 가까이 있으면서 우리를 편리하게 해 주는 인공지능을 엔트리에서 체험하고 활용해볼 수 있어요. 또한 인공지능 모델을 직접 학습시키며 머신러닝의 원리를 자연스럽게 배워볼 수 있습니다.

※ 모든 인공지능 블록 사용은 인터넷 연결이 반드시 필요합니다.

인공지능 블록 불러오기 를 클릭하면 여러 가지 인공지능 블록을 불러 올 수 있어요.

인공지능 모델 학습하기 를 클릭하면 여러 가지 인공지능 학습 모델을 불러 올 수 있어요.

인공지능 블록 불러오기
불러올 인공지능 블록을 선택해 주세요.
파파고
번역
파파고를 이용하여 다른 언어로 번역할 수 있는 블록 모음입니다.
Powered by NAVER
가
클로바
읽어주기
nVoice 음성합성 기술로 다양한 목소리로 문장을 읽는 블록모음 입니다. (한국어 엔진 지원)
Powered by NAVER CLOVA
비디오 감지
축구공
사람 인식
카메라를 이용하여 사람의 신체를 인식하는 블록들의 모음입니다.
사물 인식
카메라를 이용하여 사물을 인식하는 블록들의 모음입니다.
손 인식
카메라를 이용하여 손을 인식하는 블록들의 모음입니다.
얼굴 인식
카메라를 이용하여 얼굴을 인식하는 블록들의 모음입니다.

인공신경망 기반 번역 서비스 '파파고'를 활용해 언어를 번역하는 블록, '클로바'의 nVoice 음성 합성 기술을 이용해 인공지능이 합성한 다양한 목소리로 문장을 읽는 블록, 마이크로 입력하는 소리를 감지하고 목소리를 문자로 바꿀 수 있는 블록 등 다양한 종류의 인공지능 블록을 불러와 활용할 수 있어요.

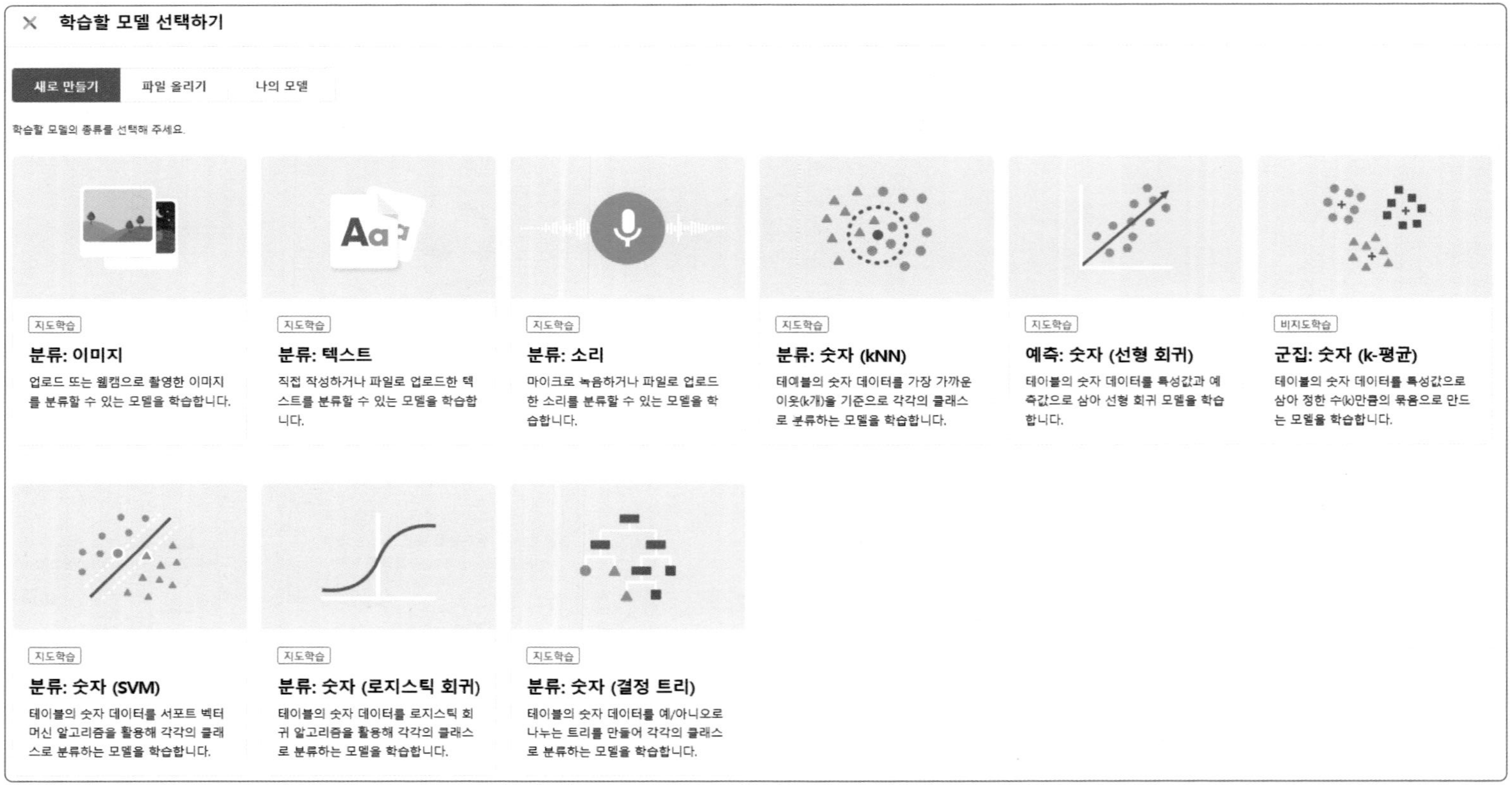
학습할 모델 선택하기
새로 만들기
파일 올리기
나의 모델
학습할 모델의 종류를 선택해 주세요.
지도학습
분류: 이미지
업로드 또는 웹캠으로 촬영한 이미지를 분류할 수 있는 모델을 학습합니다.
Aa
지도학습
분류: 텍스트
직접 작성하거나 파일로 업로드한 텍스트를 분류할 수 있는 모델을 학습합니다.
지도학습
분류: 소리
마이크로 녹음하거나 파일로 업로드한 소리를 분류할 수 있는 모델을 학습합니다.
지도학습
분류: 숫자 (kNN)
테이블의 숫자 데이터를 가장 가까운 이웃(k개)을 기준으로 각각의 클래스로 분류하는 모델을 학습합니다.
지도학습
예측: 숫자 (선형 회귀)
테이블의 숫자 데이터를 특성값과 예측값으로 삼아 선형 회귀 모델을 학습합니다.
비지도학습
군집: 숫자 (k-평균)
테이블의 숫자 데이터를 특성값으로 삼아 정한 수(k)만큼의 묶음으로 만드는 모델을 학습합니다.
지도학습
분류: 숫자 (SVM)
테이블의 숫자 데이터를 서포트 벡터 머신 알고리즘을 활용해 각각의 클래스로 분류하는 모델을 학습합니다.
지도학습
분류: 숫자 (로지스틱 회귀)
테이블의 숫자 데이터를 로지스틱 회귀 알고리즘을 활용해 각각의 클래스로 분류하는 모델을 학습합니다.
지도학습
분류: 숫자 (결정 트리)
테이블의 숫자 데이터를 예/아니오로 나누는 트리를 만들어 각각의 클래스로 분류하는 모델을 학습합니다.

엔트리에서는 이미지/음성/텍스트를 각각의 클래스로 분류할 수 있는 모델, 숫자를 분류/예측하거나 군집으로 만드는 모델 등을 학습할 수 있어요. 엔트리에서 학습한 모델은 블록으로 조립해 작품에서도 활용할 수 있어요.

모델 학습하기는 크롬 브라우저를 사용할 것을 권장합니다.

모델은 최대 10개까지 학습시킬 수 있고,학습한 모델은 모델을 만든 사용자만 확인할 수 있습니다.

2 자신을 소개하는 챗봇을 만들어요

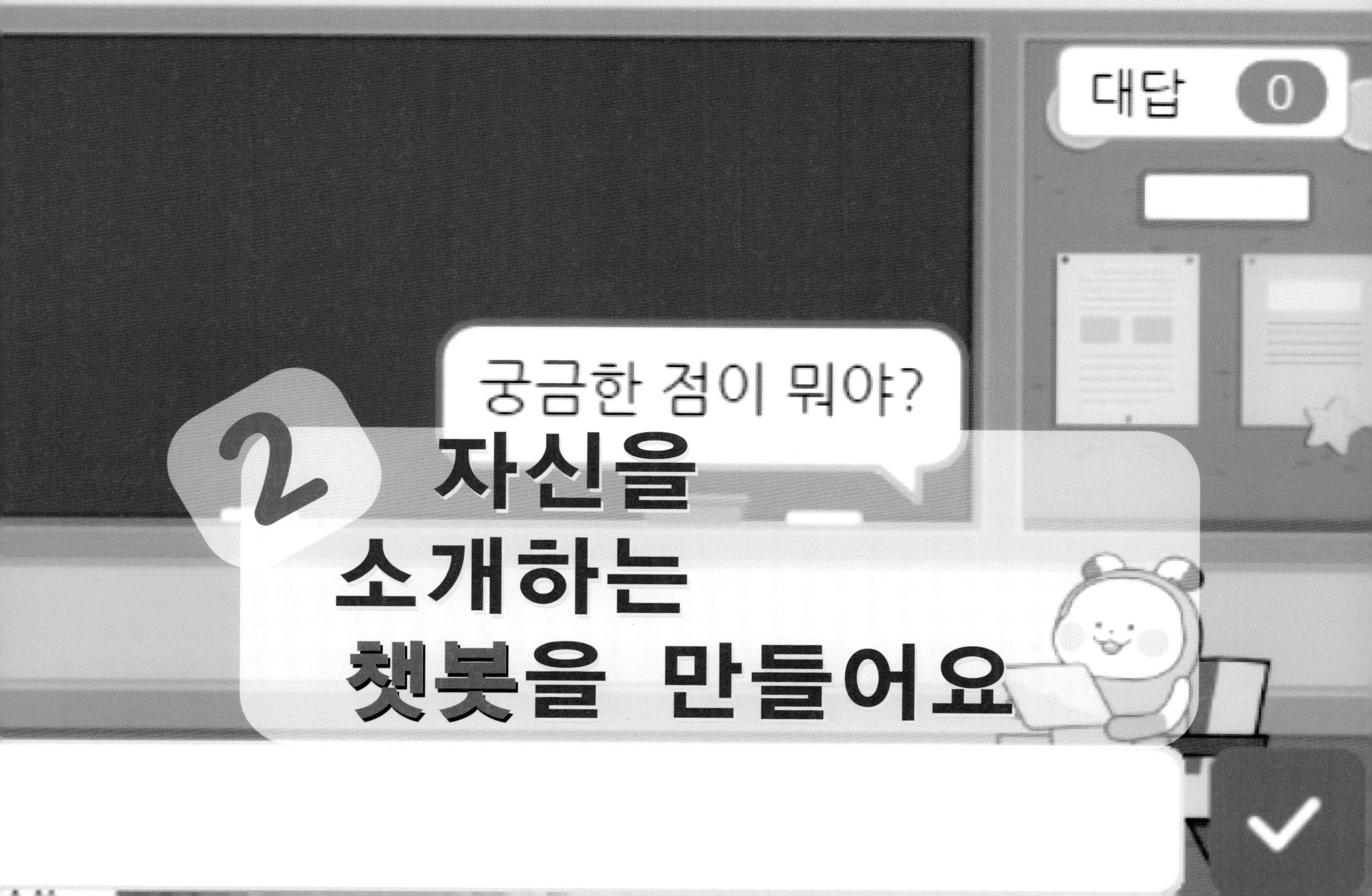
대답 0
궁금한 점이 뭐야?

1 궁금해요 AI! # 챗봇이란?

챗봇은 최근 인공지능 기술이 발전하면서 나타난 것으로, 컴퓨터 프로그램으로 만들어진 가상의 상대방과 대화하며 다양한 기능을 수행할 수 있습니다. 쉽게 말해서, 챗봇은 인간과 대화를 나누기 위해 컴퓨터로 만들어진 인공지능 프로그램입니다.

일반적으로 챗봇은 앱, 웹사이트, 메신저 등에서 사용자들과 대화하며 정보를 제공하거나, 문제를 해결하는 데 도움을 줍니다. 챗봇은 기계 학습, 자연어 처리, 언어 모델링 등의 기술들을 사용하여 대화의 의도를 파악하고, 그에 해당하는 답변을 제공합니다. 예를 들어, 사용자가 "오늘 날씨가 어때?"라고 질문하면, 챗봇은 입력된 문장을 이해하고 날씨에 대한 정보를 제공합니다. 또한, 사용자가 외국인과 대화를 나누어야 하는 상황에서 언어 장벽이 있을 경우, 언어 번역 기능도 제공됩니다.

챗봇은 여러 분야에서 사용되고 있습니다. 예를 들어, 은행에서는 인터넷뱅킹을 하는 고객들에게 챗봇을 활용하여 상담 서비스를 제공하고 있으며, 여행사에서는 특정 지역의 관광 정보를 제공하기도 합니다. 또한, 교육 분야에서도 사용되어 학생들이 궁금한 질문에 대해 챗봇이 답변하는 것으로 학습 능력을 향상시키기도 합니다.

챗봇의 등장으로 인해 사용자는 주어진 문제에 대해 더욱 빠르고 정확한 답변을 받을 수 있게 되었으며, 기업들은 비용을 줄이고 빠르고 효율적인 고객 서비스를 제공할 수 있습니다. 미래에는 더욱 발전하여 인간과 챗봇 간의 대화가 선명해질 것으로 예상합니다.

2 활용해요 AI! # 챗봇의 쓰임

챗봇은 다양한 분야에서 다양한 방식으로 활용되고 있습니다.

▶ 은행 업무: 인터넷 뱅킹 챗봇

은행에서는 고객이 인터넷 뱅킹을 이용하면서 발생하는 문제나 궁금한 점에 대해 다양한 방식으로 상담을 제공하고 있습니다. 이 중에서 챗봇은 고객과 직접 대화를 하면서 정보를 제공하고, 문제를 해결해줍니다.

▶ 온라인 쇼핑몰: 상품 추천 챗봇

쇼핑몰에서는 고객이 원하는 상품을 추천할 수 있는 챗봇을 제공합니다. 이 챗봇은 고객의 구매 이력이나 선호도 등을 파악하여, 그에 맞는 상품을 추천하며, 주기적으로 할인 정보를 제공하기도 합니다.

▶ 여행사: 관광 정보 챗봇

여행사에서는 챗봇을 활용하여 국내외 여행 정보 및 여행 일정을 제공합니다. 고객은 채팅창에서 원하는 국가나 지역, 관광 유형, 여행 일정 등을 입력하면, 그에 맞는 정보와 일정을 제공받을 수 있습니다.

▶ 교육 분야: 학습 챗봇

교육 분야에서는 학생들이 궁금한 질문에 대해 챗봇이 답변을 제공함으로써, 학생들이 스스로 학습 능력을 향상시킬 수 있습니다. 이러한 챗봇은 수학, 과학 등의 전공 분야뿐만 아니라, 외국어 학습에도 활용됩니다.

▶ 고객 서비스: 일반 대화 챗봇

챗봇은 여러 기업에서 고객 서비스에 활용되고 있습니다. 예를 들어, 고객이 문의한 내용이나 요청사항을 자동으로 분석한 후, 대응하는 챗봇을 사용함으로써, 빠르고 정확한 대응이 가능해집니다.

이러한 방식으로 챗봇은 다양한 분야의 여러 서비스에서 활용되고 있습니다. 이 중에서도 챗봇의 대화 기능이 강화되면서 인간처럼 느껴지는 챗봇도 개발되고 있어 미래에는 더욱 발전하여 다양한 분야에서 활용될 것으로 예상됩니다.

3 체험해요 AI! # SimSimi

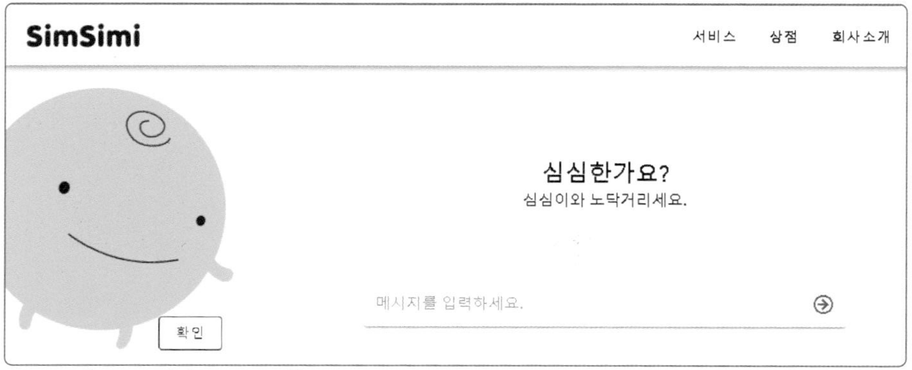

그림은 '심심이' 홈페이지 "https:////simsimi.com/"에서 빌려 왔습니다.

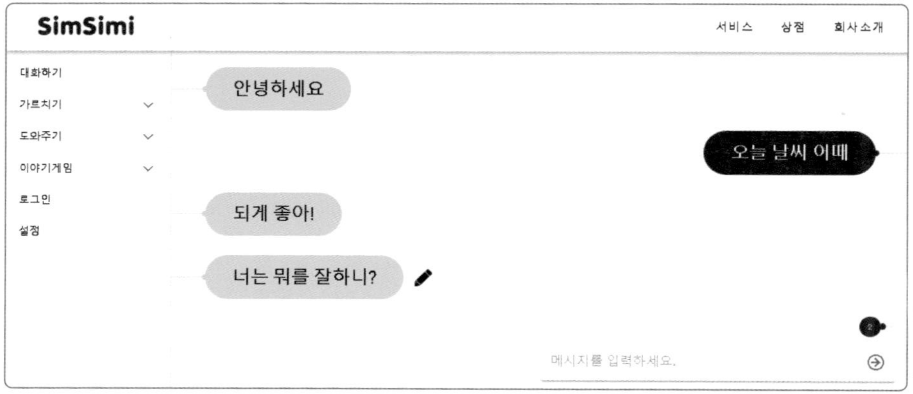

▶ 단계 1: 크롬 브라우저의 검색창에 '심심이'를 검색하거나, 주소창에 "https://simsimi.com"을 입력하여 심심이 사이트로 이동합니다.

▶ 단계 2: '메시지를 입력하세요'에 심심이에게 하고 싶은 말을 입력합니다. 처음으로 메시지를 입력하면 '심심이와 대화를 하려면 설정을 완료해 주세요'라는 제목의 창이 표시됩니다. 언어를 '한국어:Korean'으로 설정되어 있는지 확인하고 '로봇이 아닙니다.'에 체크한 뒤에 [확인] 버튼을 클릭합니다.

▶ 단계 3: 심심이와 계속 대화할 수 있어요.

이제 자신만의 챗봇 만들기를 시작해 봅니다.

4 컴퓨팅 사고 능력을 길러요! | 알고리즘 설계

MEMO 인공지능 챗봇을 만들기 전에 전체 과정을 이해하면서 컴퓨팅 사고력을 길러야 해요!

◎ **목표 쏙쏙** | 텍스트 분류 모델 학습을 통해 자기소개 인공지능 챗봇을 만들어 봅니다.

◎ 컴퓨터 사고력 쏙쏙

알고리즘 설계

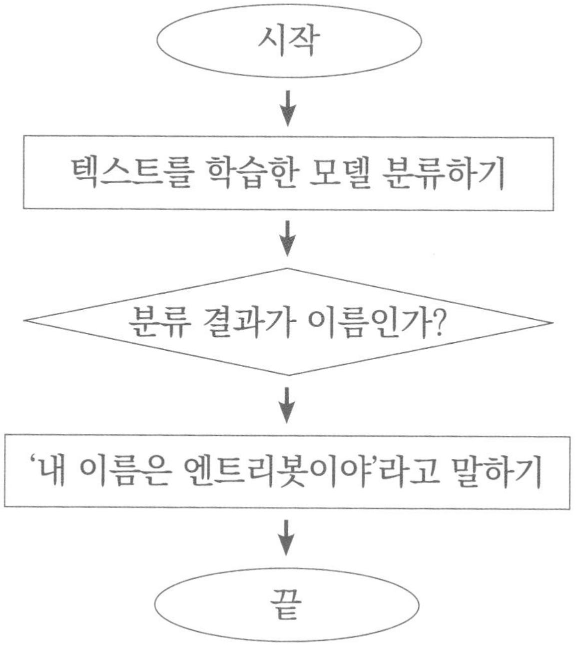

5 생각하며 따라해요! 내가 인공지능 개발자

▶ Stage 1 오브젝트 추가하기

❶ 엔트리를 시작하면 처음 나와 있는 오브젝트를 삭제합니다.

❷ [+ 오브젝트 추가하기]를 눌러 오브젝트를 추가할 준비를 합니다.

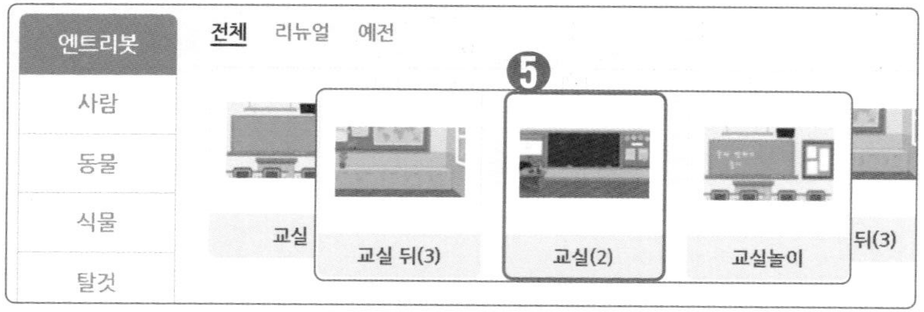

❸ 오브젝트 추가하기 창의 왼쪽 목록에서 엔트리봇 을 선택하면 추가할 수 있는 엔트리봇 이미지 목록이 표시됩니다.

❹ 표시된 엔트리봇 이미지 중에서 "의자에 앉은 엔트리봇"을 선택한 뒤에 오브젝트 추가하기 창의 오른쪽 위에 있는 추가하기 를 눌러 오브젝트를 추가합니다.

ㅅ엔트리봇 이미지가 너무 많아 필요한 이미지를 찾기 어렵다면, 추가하기 아래에 있는 검색 영역에 이미지를 찾기 위한 단어(예 '의자')를 입력하고 엔터키를 누르거나 🔍를 누르면 필요한 엔트리봇 이미지를 쉽게 찾을 수 있어요.

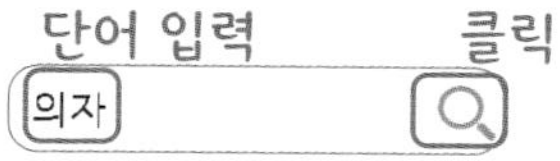

❺ '교실'을 검색해서 '교실(2)'를 선택하고 추가하기 를 눌러 두 번째 오브젝트를 추가합니다.

⑥ 의자에 앉은 엔트리봇을 마우스 왼쪽 버튼으로 눌러 선택한 상태에서 마우스를 움직여 왼쪽 그림에서와 같이 엔트리봇을 적당한 위치에 배치합니다.

마우스를 오브젝트의 모서리에 가져가면 ⟷ 모양의 화살표가 생깁니다. 이 화살표가 생기면 마우스 왼쪽 버튼을 누르고 화살표 방향으로 움직이면 오브젝트의 크기를 조절할 수 있어요.

▶ Stage 2 학습할 인공지능 모델 선택하기

❶ 블록 탭을 선택합니다.

❷ 블록 카테고리에서 인공지능을 눌러 선택합니다.

❸ 인공지능 학습, 즉 머신러닝을 위해 인공지능 모델 학습하기를 클릭합니다.

학습할 모델 선택하기
학습하기
5
새로 만들기
나의 모델
학습할 모델의 종류를 선택해 주세요.
4
지도학습
분류: 이미지
업로드 또는 웹캠으로 촬영한 이미지를 분류할 수 있는 모델을 학습합니다.
Aa
지도학습
분류: 텍스트
직접 작성하거나 파일로 업로드한 텍스트를 분류할 수 있는 모델을 학습합니다.
지도학습
분류:
비지도학습
군집: 숫자 (k-평균)
테이블의 숫자 데이터를 특성값으로 삼아 정한 수(k)만큼의 묶음으로 만드는 모델을 학습합니다.

❹ 학습할 모델 선택하기 창에서 분류: 텍스트 를 선택합니다.

❺ 학습할 모델 선택하기 창의 오른쪽 위에 있는 학습하기 를 클릭하여 학습을 시작합니다.

▶ Stage 3 텍스트 분류 모델 학습하기

분류: 텍스트 모델 학습하기
모델 학습은 인터넷이 연결되어 있어야 정상적으로 동작합니다튜토리얼 보기
자기 소개 챗봇
데이터 입력
모델이 학습할 데이터를 입력합니다.
클래스 1
0개
모델이 학습할 텍스트 데이터를 아래에 작성해 주세요.
클래스 당 5개 이상의 데이터를 입력해야 합니다.
각각의 데이터는 쉼표로 구분합니다. (예: 맛있다, 맛있어, 맛있네)
클릭해서 데이터를 입력해 주세요.
학습
입력한 데이터로 모델을 학습합니다.
모델 학습하기
데이터를 먼저 입력해 주세요.
결과
학습한 모델의 결과를 확인합니다.
확인하기

❶ 학습하는 모델의 이름을 입력하는 곳입니다. 여기에 '자기 소개 챗봇'이라고 입력합니다. 학습한 모델은 자동으로 저장됩니다.

❷ 학습할 데이터를 대표하는 이름을 입력하는 곳입니다. 두 가지 종류의 데이터를 사용할 것입니다. 먼저 여기에 '이름'이라고 입력합니다.

❸ 학습할 데이터를 입력하는 곳입니다. 클릭해서 데이터를 입력해 주세요. 영역을 클릭하면 ❹와 같이 학습할 데이터를 입력할 영역으로 바뀝니다.

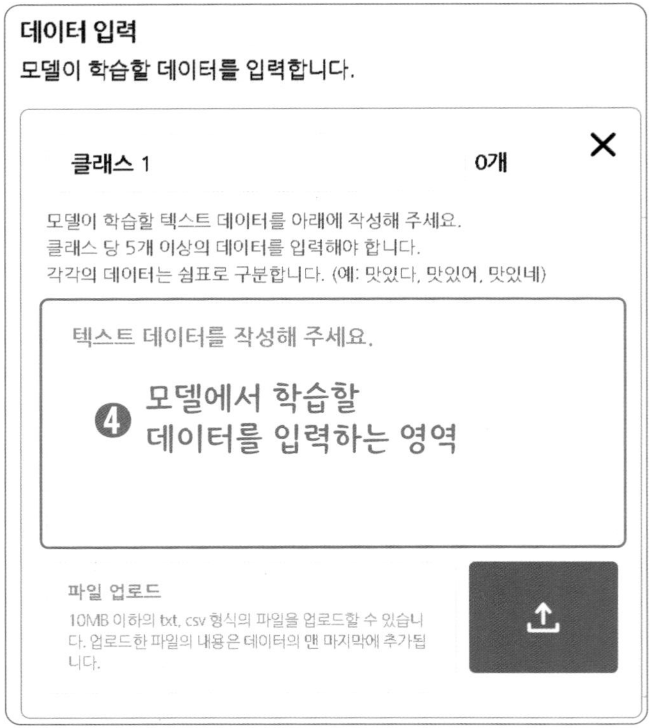
데이터 입력
모델이 학습할 데이터를 입력합니다.
클래스 1
0개
모델이 학습할 텍스트 데이터를 아래에 작성해 주세요.
클래스 당 5개 이상의 데이터를 입력해야 합니다.
각각의 데이터는 쉼표로 구분합니다. (예: 맛있다, 맛있어, 맛있네)
텍스트 데이터를 작성해 주세요.
4 모델에서 학습할
데이터를 입력하는 영역
파일 업로드
10MB 이하의 txt, csv 형식의 파일을 업로드할 수 있습니다. 업로드한 파일의 내용은 데이터의 맨 마지막에 추가됩니다.

4 모델에서 학습할 데이터를 다음과 같이 입력합니다. 입력할 데이터는 사용자가 챗봇에게 묻는 질문의 종류입니다. 다양한 질문의 종류를 입력하면 챗봇이 대답하기 편리해질 것입니다. 예에서는 6가지 데이터를 입력했습니다. 각각의 데이터는 쉼표로 구분하고, 쉼표 뒤에는 빈 칸을 넣어 띄어쓰기해야 입력한 데이터를 정확하게 인식합니다.

이름이 뭐야, 이름이 뭐야?, 너의 이름은,
너의 이름은?, 넌 이름이 뭐야, 넌 이름이 뭐야?

5
클래스 2
0개
모델이 학습할 텍스트 데이터를 아래에 작성해 주세요.
클래스 당 5개 이상의 데이터를 입력해야 합니다.
각각의 데이터는 쉼표로 구분합니다. (예: 맛있다, 맛있어, 맛있네)
6
클릭해서 데이터를 입력해 주세요.
7
+ 클래스 추가하기

❺ 두 번째 학습할 데이터로 '클래스 2'에는 '나이'라고 입력합니다.

❻ 학습할 데이터 입력하기 위해 이 곳을 클릭하여 ❹에서와 같이 다음의 데이터를 입력합니다. 예에서는 6가지 데이터를 입력했습니다.

나이는, 나이는 몇 살이야?, 몇 살이야, 몇 살이야? 너의 나이는, 너의 나이는?

❼ **+ 클래스 추가하기** 를 클릭하면 또 다른 종류(클래스)의 데이터를 입력할 수 있습니다.

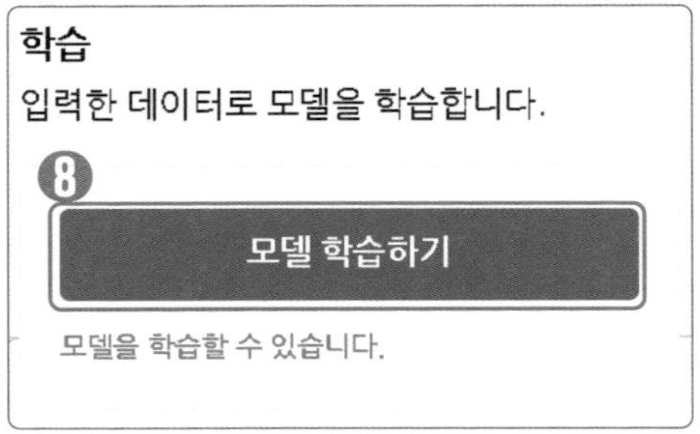
학습
입력한 데이터로 모델을 학습합니다.
8
모델 학습하기
모델을 학습할 수 있습니다.

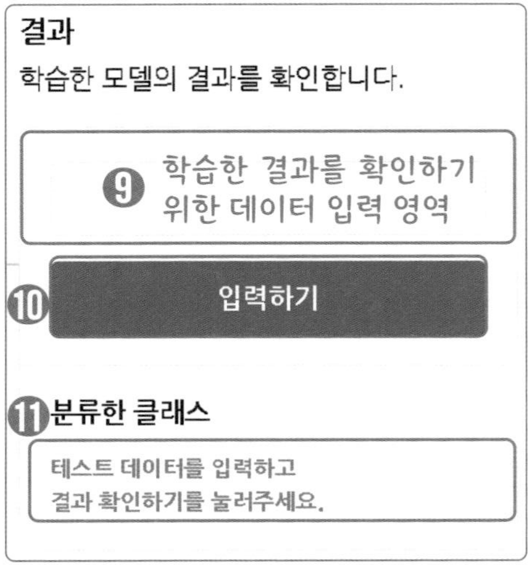
결과
학습한 모델의 결과를 확인합니다.
9
학습한 결과를 확인하기 위한 데이터 입력 영역
10
입력하기
11
분류한 클래스
테스트 데이터를 입력하고 결과 확인하기를 눌러주세요.

8 최소 2개 클래스의 데이터를 입력하면, × 분류: 텍스트 모델 학습하기 창 중앙에 있는 모델 학습하기 를 누를 수 있게 됩니다. 모델 학습하기를 눌러 모델 학습을 시작합니다.

9 학습한 결과를 확인하기 위해 질문 데이터를 입력하고, 10 입력하기를 누르면 입력한 질문이 어떤 클래스에 포함하는지 11 분류한 클래스에 결과를 나타냅니다.

12 결과 확인이 되었으면, × 분류: 텍스트 모델 학습하기 창의 오른쪽 위에 있는 적용하기를 눌러 학습을 완료합니다.

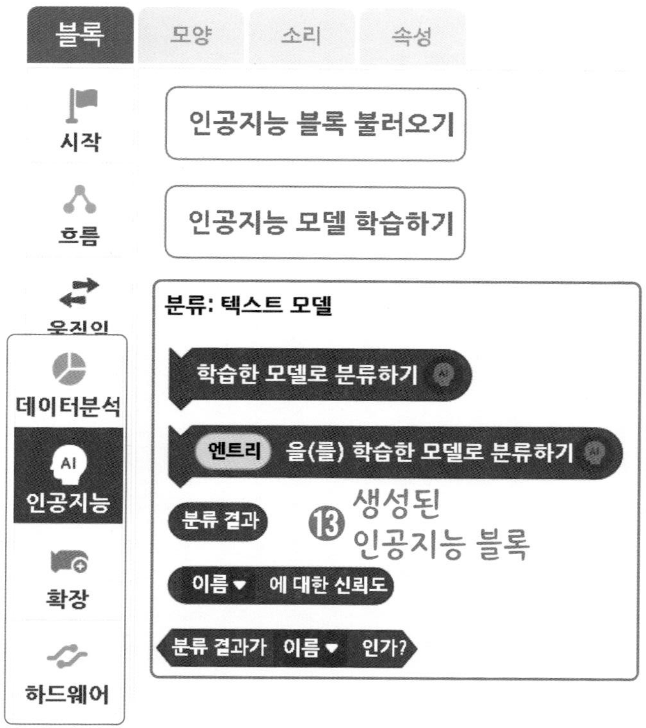

⑬ 학습이 완료되면 블록 탭에 인공지능 블록이 표시되는 것을 확인할 수 있습니다.

▶ Stage 4 나를 소개하는 챗봇이라고 말하기

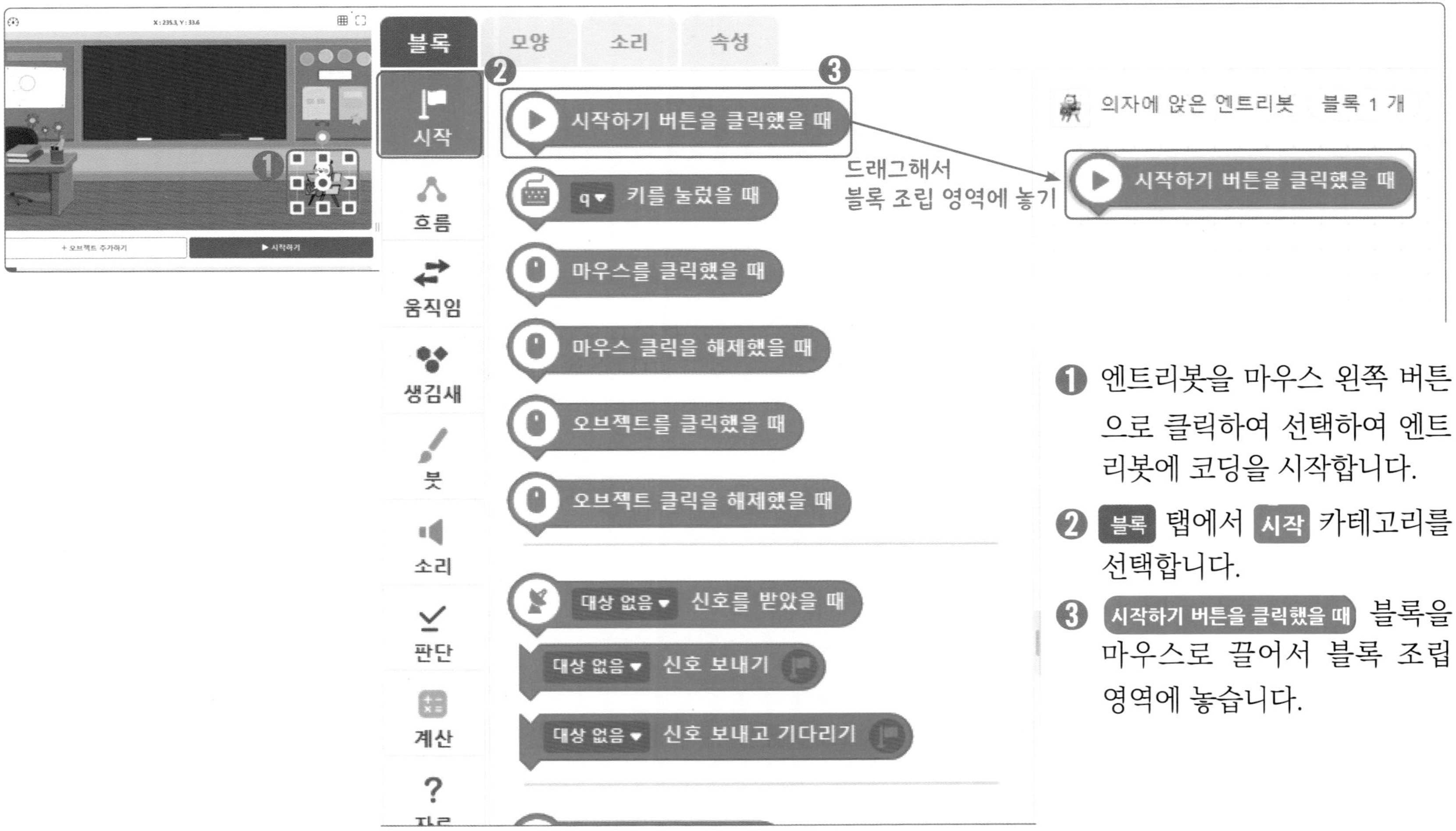

❶ 엔트리봇을 마우스 왼쪽 버튼으로 클릭하여 선택하여 엔트리봇에 코딩을 시작합니다.

❷ 블록 탭에서 시작 카테고리를 선택합니다.

❸ 시작하기 버튼을 클릭했을 때 블록을 마우스로 끌어서 블록 조립 영역에 놓습니다.

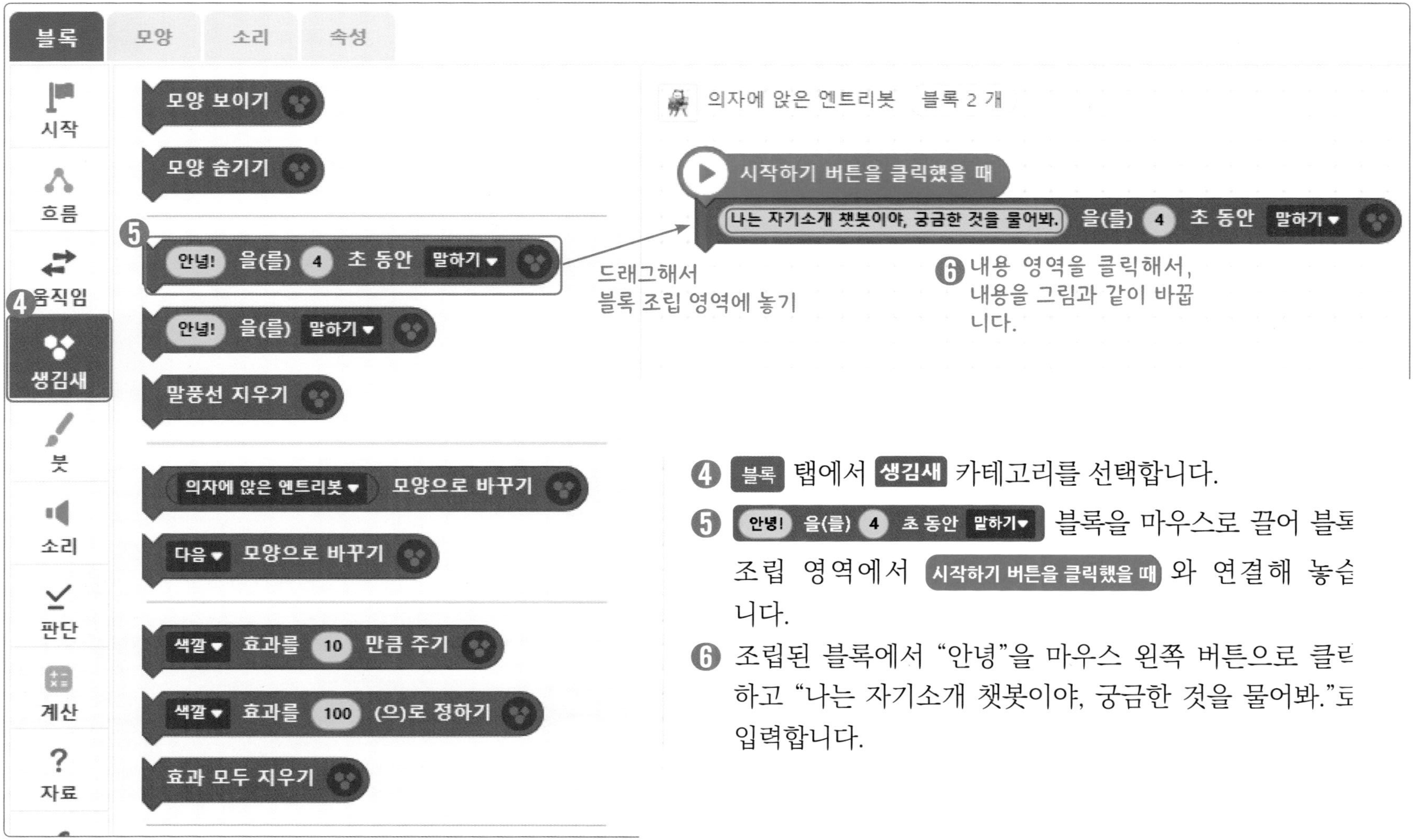

❹ 블록 탭에서 생김새 카테고리를 선택합니다.

❺ 안녕! 을(를) 4 초 동안 말하기 블록을 마우스로 끌어 블록 조립 영역에서 시작하기 버튼을 클릭했을 때 와 연결해 놓습니다.

❻ 조립된 블록에서 "안녕"을 마우스 왼쪽 버튼으로 클릭하고 "나는 자기소개 챗봇이야, 궁금한 것을 물어봐."로 입력합니다.

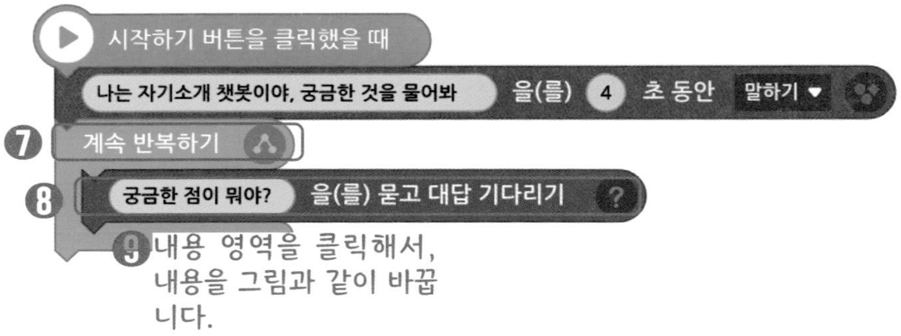
시작하기 버튼을 클릭했을 때
나는 자기소개 챗봇이야, 궁금한 것을 물어봐 을(를) 4 초 동안 말하기
7
계속 반복하기
8
궁금한 점이 뭐야? 을(를) 묻고 대답 기다리기
9 내용 영역을 클릭해서, 내용을 그림과 같이 바꿉니다.

7 블록 탭에서 흐름 카테고리의 계속 반복하기 블록을 끌어서 앞 블록에 붙입니다.

8 블록 탭에서 자료 카테고리의 안녕! 을(를) 묻고 대답 기다리기 블록을 마우스로 끌어 계속 반복하기 블록에 끼워 넣기 하여 연결합니다.

9 조립된 블록에서 "안녕"을 마우스 왼쪽 버튼으로 클릭하고 "궁금한 점이 뭐야?"로 입력합니다.

▶ Stage 5 인공지능 분류 모델 학습 블록 사용하기 - 이름을 인식하는 블록 추가하기

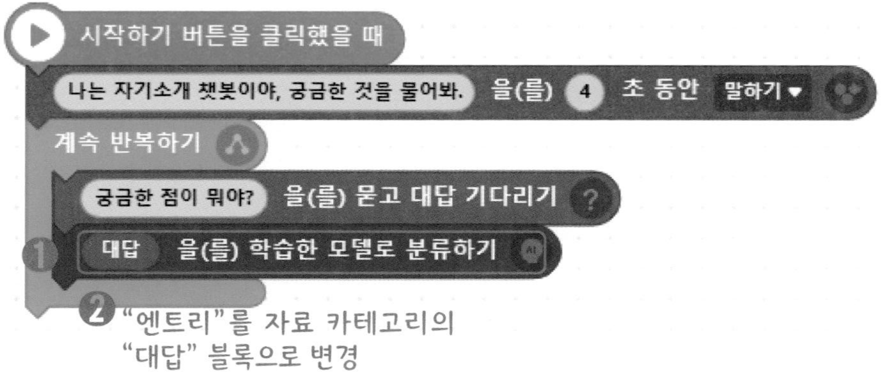
시작하기 버튼을 클릭했을 때
나는 자기소개 챗봇이야, 궁금한 것을 물어봐. 을(를) 4 초 동안 말하기
계속 반복하기
궁금한 점이 뭐야? 을(를) 묻고 대답 기다리기
대답 을(를) 학습한 모델로 분류하기
1
2 "엔트리"를 자료 카테고리의 "대답" 블록으로 변경

❶ 블록 탭에서 인공지능 카테고리의 엔트리 을(를) 학습한 모델로 분류하기 블록을 끌어서 앞 블록에 붙입니다.

❷ 블록 탭에서 자료 카테고리의 대답 블록을 마우스로 끌어 ❶에서 추가한 블록의 엔트리 위치에 놓아 그림과 같이 인공지능 블록을 변경합니다.

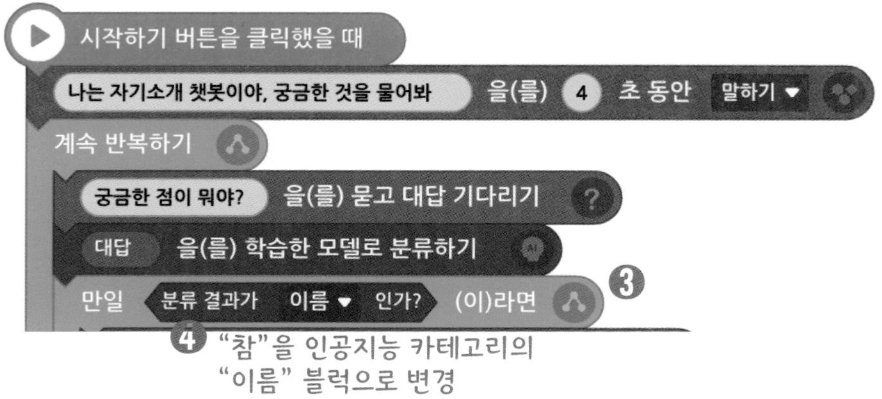
시작하기 버튼을 클릭했을 때
나는 자기소개 챗봇이야, 궁금한 것을 물어봐 을(를) 4 초 동안 말하기
계속 반복하기
궁금한 점이 뭐야? 을(를) 묻고 대답 기다리기
대답 을(를) 학습한 모델로 분류하기
만일 분류 결과가 이름 인가? (이)라면
3
4 "참"을 인공지능 카테고리의 "이름" 블럭으로 변경

❸ 블록 탭에서 흐름 카테고리의 만일 참 (이)라면 블록을 마우스로 끌어서 ❶에서 추가한 블록에 그림과 같이 붙입니다.

❹ 블록 탭에서 인공지능 카테고리의 분류 결과가 이름 인가? 블록을 마우스로 끌어 ❶에서 추가한 블록의 참 위치에 놓아 그림과 같이 인공지능 블록을 변경합니다.

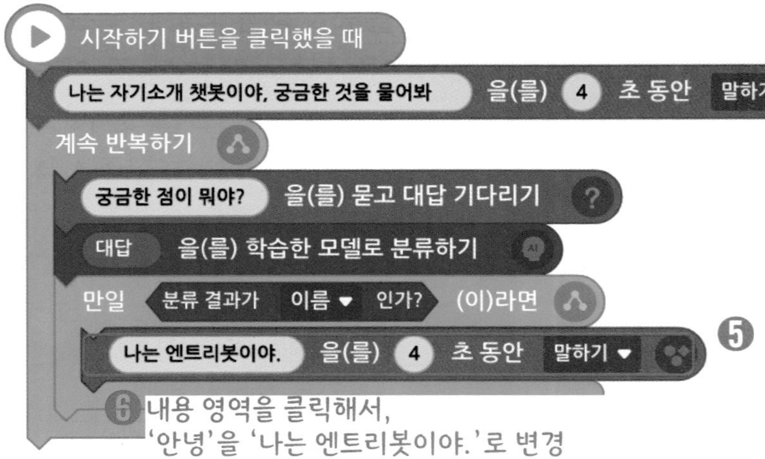
시작하기 버튼을 클릭했을 때
나는 자기소개 챗봇이야, 궁금한 것을 물어봐 을(를) 4 초 동안 말하기
계속 반복하기
궁금한 점이 뭐야? 을(를) 묻고 대답 기다리기
대답 을(를) 학습한 모델로 분류하기
만일 분류 결과가 이름 인가? (이)라면
나는 엔트리봇이야. 을(를) 4 초 동안 말하기
5
6 내용 영역을 클릭해서,
'안녕'을 '나는 엔트리봇이야.'로 변경

⑤ 분류 모델에 따라 대답할 수 있도록 블록 탭에서 생김새 카테고리의 안녕! 을(를) 4 초 동안 말하기 블록을 마우스로 끌어 ③에서 추가한 블록에 끼워 넣기 해서 붙입니다.

⑥ ⑤에서 추가한 블록의 안녕! 을 클릭해서 그림에서와 같이 "나는 엔트리봇이야."로 문장을 변경합니다.

▶ Stage 6 인공지능 분류 모델 학습 블록 사용하기 - 나이를 인식하는 블록 추가하기

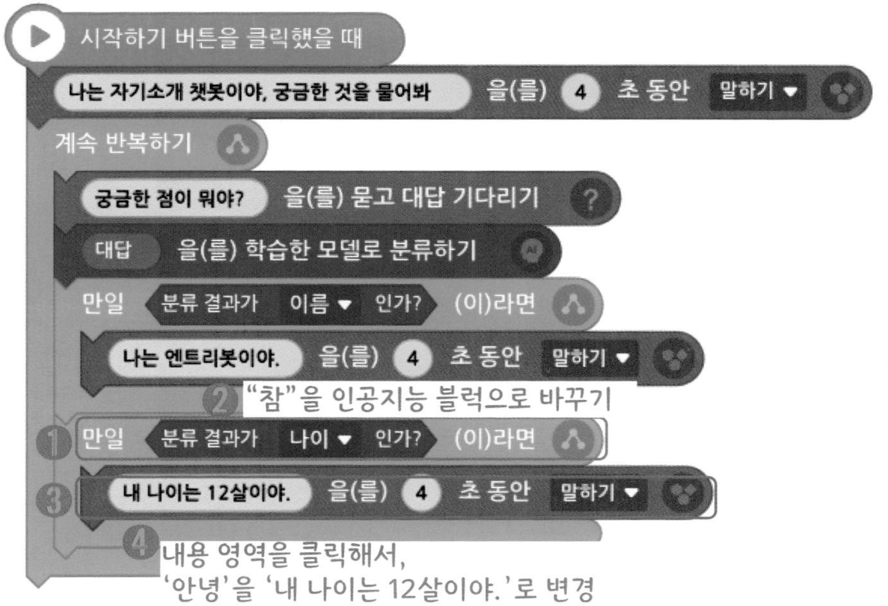
시작하기 버튼을 클릭했을 때
나는 자기소개 챗봇이야, 궁금한 것을 물어봐 을(를) 4 초 동안 말하기
계속 반복하기
궁금한 점이 뭐야? 을(를) 묻고 대답 기다리기
대답 을(를) 학습한 모델로 분류하기
만일 분류 결과가 이름 인가? (이)라면
나는 엔트리봇이야. 을(를) 4 초 동안 말하기
② "참"을 인공지능 블럭으로 바꾸기
① 만일 분류 결과가 나이 인가? (이)라면
③ 내 나이는 12살이야. 을(를) 4 초 동안 말하기
④ 내용 영역을 클릭해서,
'안녕'을 '내 나이는 12살이야.'로 변경

❶ Stage 5의 ❸❹❺❻과 같은 과정으로 분류 모델에 따라 나이를 대답할 수 있도록 블록을 추가합니다.

[블록] 탭에서 [흐름] 카테고리의 [만일 〈참〉 (이)라면] 블록을 마우스로 끌어서 Stage 5에서 추가한 [만일] 블록 아래에 그림과 같이 붙입니다.

❷ [블록] 탭에서 [인공지능] 카테고리의 [분류 결과가 이름▾ 인가?] 블록을 마우스로 끌어 ❶에서 추가한 블록의 〈참〉 위치에 놓고, [이름▾]을 클릭해서 "나이"로 바꿉니다.

❸ [블록] 탭에서 [생김새] 카테고리의 [안녕! 을(를) 4 초 동안 말하기▾] 블록을 마우스로 끌어 ❶에서 추가한 블록에 끼워넣기 해서 붙입니다.

❹ ❸에서 추가한 블록의 [안녕!]을 클릭해서 그림에서와 같이 "내 나이는 12살이야."로 문장을 변경합니다.

▶ Stage 7 클래스를 추가해서 더 똑똑한 챗봇 만들기

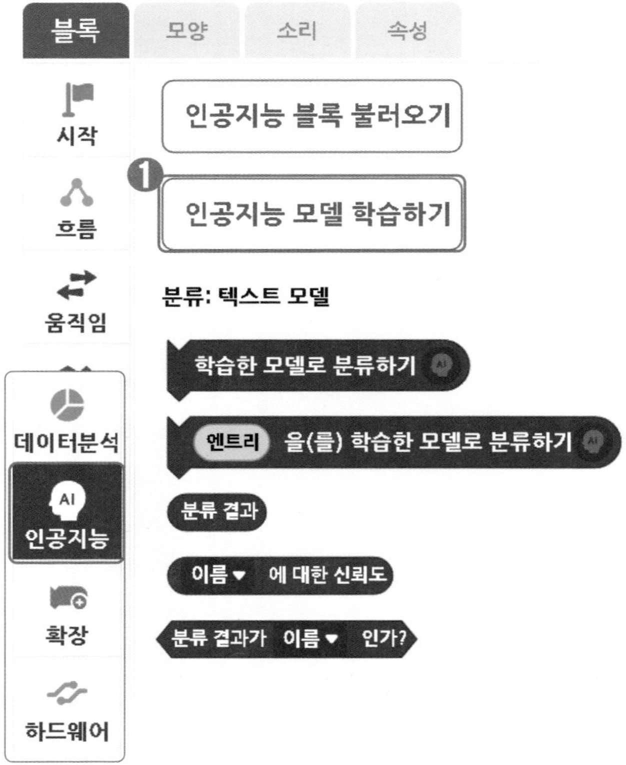

지금 작성하고 있는 작품의 인공지능 챗봇은 이름과 나이에 대해서만 답할 수 있어요. 이름과 나이에 대한 모델만 있기 때문이예요. 모델을 추가해서 더 똑똑한 챗봇을 만들어 봅니다.

❶ 블록 탭에서 인공지능 카테고리를 선택하면 표시되는 인공지능 모델 학습하기 를 눌러 새로운 모델을 추가할 준비를 합니다.

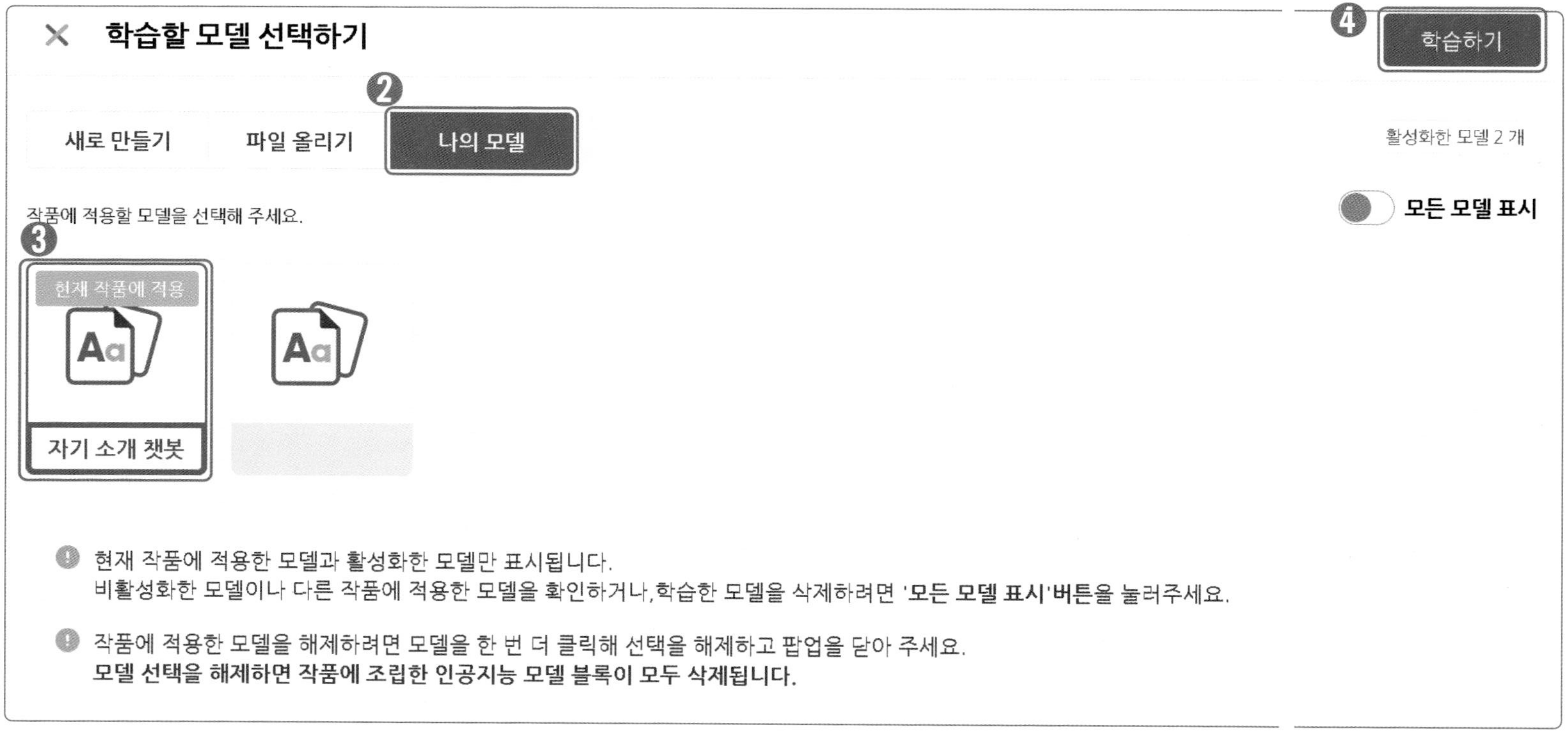
학습할 모델 선택하기
학습하기
새로 만들기
파일 올리기
나의 모델
활성화한 모델 2 개
작품에 적용할 모델을 선택해 주세요.
모든 모델 표시
현재 작품에 적용
자기 소개 챗봇
현재 작품에 적용한 모델과 활성화한 모델만 표시됩니다.
비활성화한 모델이나 다른 작품에 적용한 모델을 확인하거나, 학습한 모델을 삭제하려면 '모든 모델 표시'버튼을 눌러주세요.
작품에 적용한 모델을 해제하려면 모델을 한 번 더 클릭해 선택을 해제하고 팝업을 닫아 주세요.
모델 선택을 해제하면 작품에 조립한 인공지능 모델 블록이 모두 삭제됩니다.

❷ **학습할 모델 선택하기** 창에서 **나의 모델**을 선택합니다. 자신이 엔트리에 저장해 둔 모델 목록이 나타납니다.

❸ 현재 작품에 적용되는 **자기 소개 챗봇**을 선택합니다.

❹ **학습할 모델 선택하기** 창의 오른쪽 위에 있는 **학습하기**를 선택합니다.

❺ [× 분류: 텍스트 모델 학습하기] 창에서 [+ 클래스 추가하기]를 눌러 새로운 모델 클래스를 추가합니다.

❻ “클래스 3” 위치에 새로운 모델의 이름으로 “취미”를 입력합니다.

❼ 이 위치 모델이 학습할 데이터를 다음과 같이 입력합니다.

취미가 뭐야, 취미가 뭐야? 취미는, 취미는?
너의 취미는 뭐야, 너의 취미는 뭐야?

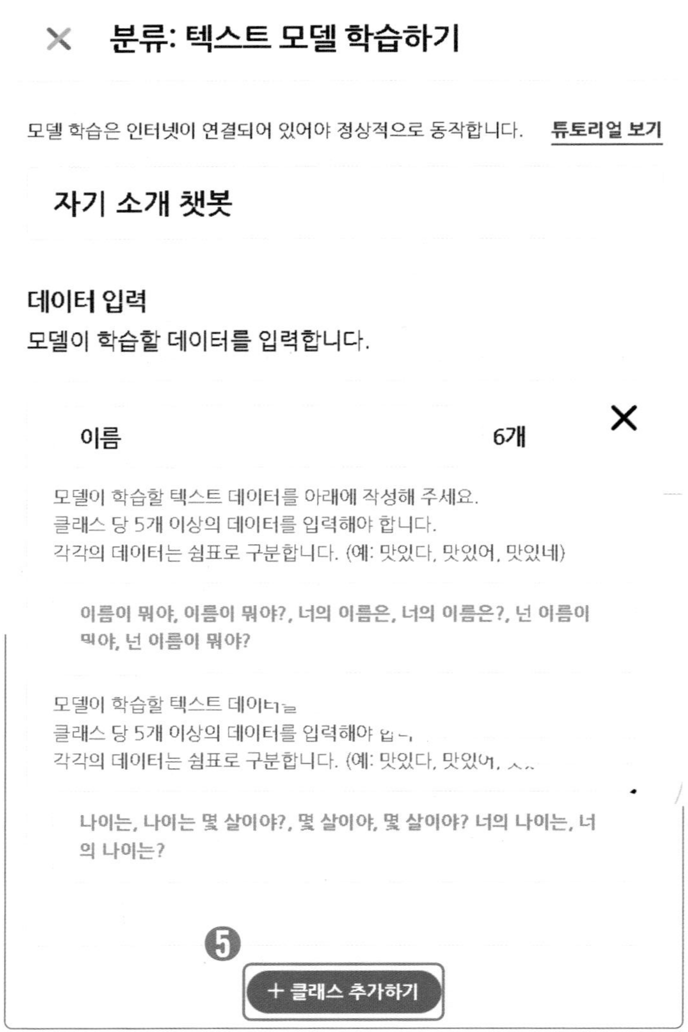
× 분류: 텍스트 모델 학습하기
모델 학습은 인터넷이 연결되어 있어야 정상적으로 동작합니다.
튜토리얼 보기
자기 소개 챗봇
데이터 입력
모델이 학습할 데이터를 입력합니다.
이름
6개
모델이 학습할 텍스트 데이터를 아래에 작성해 주세요.
클래스 당 5개 이상의 데이터를 입력해야 합니다.
각각의 데이터는 쉼표로 구분합니다. (예: 맛있다, 맛있어, 맛있네)
이름이 뭐야, 이름이 뭐야?, 너의 이름은, 너의 이름은?, 넌 이름이 뭐야, 넌 이름이 뭐야?
나이는, 나이는 몇 살이야?, 몇 살이야, 몇 살이야? 너의 나이는, 너의 나이는?
5
+ 클래스 추가하기

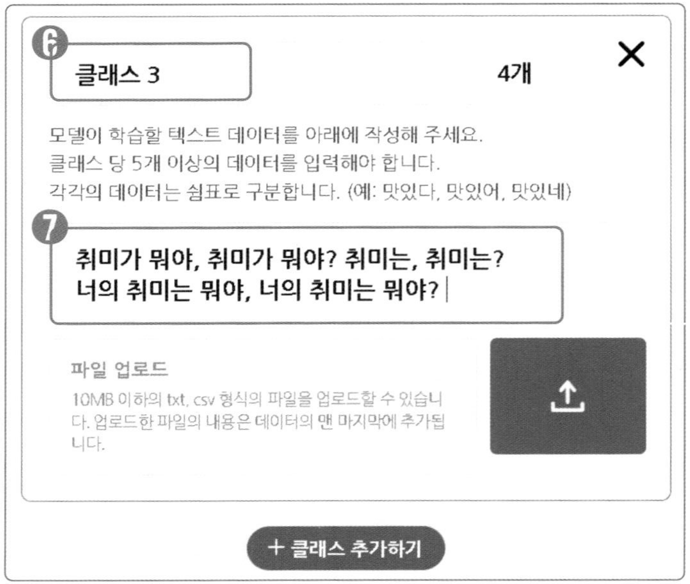
6
클래스 3
4개
모델이 학습할 텍스트 데이터를 아래에 작성해 주세요.
클래스 당 5개 이상의 데이터를 입력해야 합니다.
각각의 데이터는 쉼표로 구분합니다. (예: 맛있다, 맛있어, 맛있네)
7
취미가 뭐야, 취미가 뭐야? 취미는, 취미는?
너의 취미는 뭐야, 너의 취미는 뭐야?
파일 업로드
10MB 이하의 txt, csv 형식의 파일을 업로드할 수 있습니다. 업로드한 파일의 내용은 데이터의 맨 마지막에 추가됩니다.
+ 클래스 추가하기

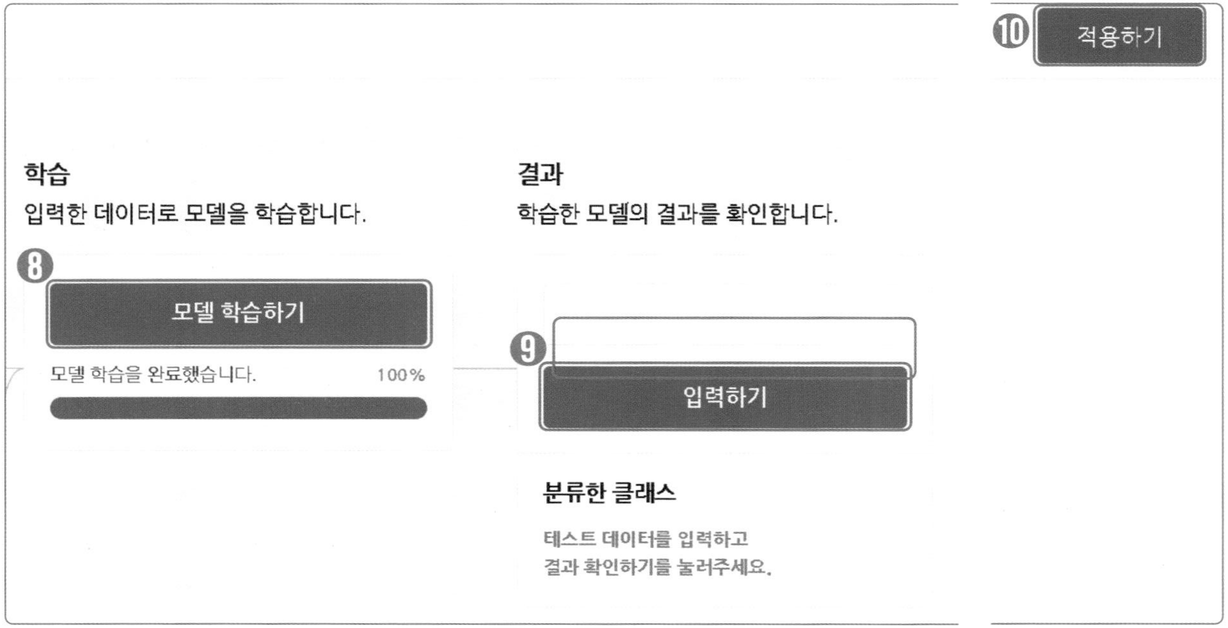

⑧ 새로운 모델의 데이터가 추가되었기 때문에 [모델 학습하기]를 눌러 추가된 데이터를 반영해서 다시 학습해야 합니다.

⑨ 학습한 결과를 확인하기 위해 질문 데이터를 입력하고, [입력하기]를 누르면 입력한 질문이 어떤 클래스에 포함하는지 분류한 클래스에 결과를 나타냅니다.

⑩ 결과 확인이 되었으면, [× 분류: 텍스트 모델 학습하기] 창의 오른쪽 위에 있는 [적용하기]를 눌러 학습을 완료합니다.

tips

새로운 클래스를 추가하여 새롭게 학습하면 기존에 학습했던 인공지능 블록이 사라질 수 있습니다. 오브젝트 창에서 '엔트리 봇'을 선택하여 코딩했던 인공지능 블록을 확인해야 합니다.

▶ Stage 8 인공지능 분류 모델 학습 블록 사용하기 - 취미을 인식하는 블록 추가하기

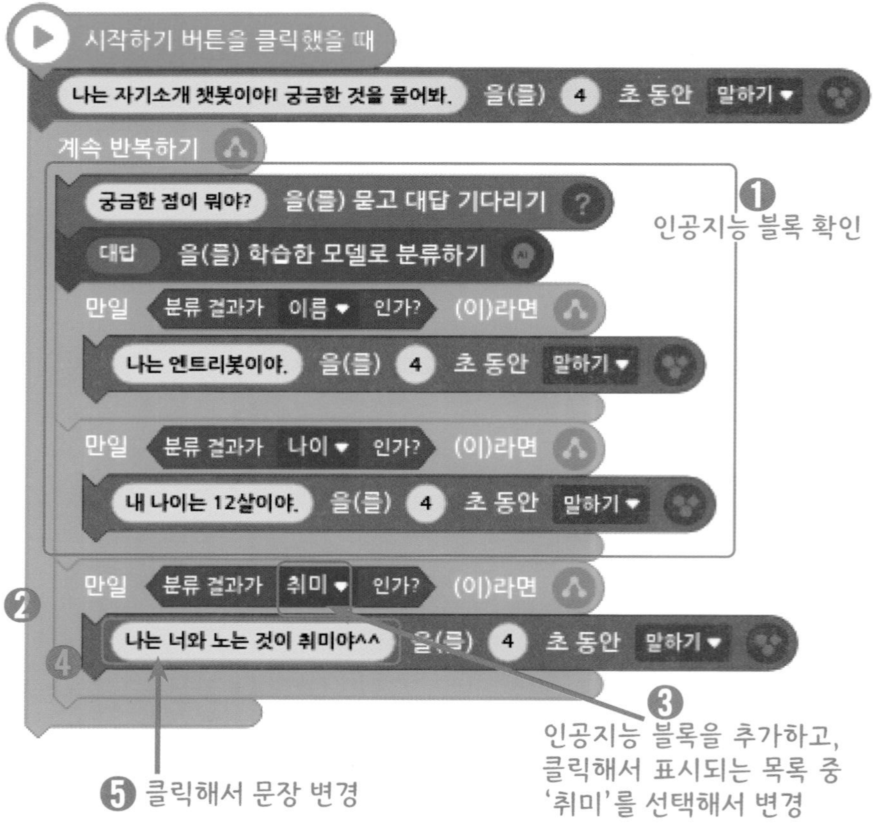
시작하기 버튼을 클릭했을 때
나는 자기소개 챗봇이야! 궁금한 것을 물어봐. 을(를) 4 초 동안 말하기
계속 반복하기
궁금한 점이 뭐야? 을(를) 묻고 대답 기다리기
대답 을(를) 학습한 모델로 분류하기
만일 분류 결과가 이름 인가? (이)라면
나는 엔트리봇이야. 을(를) 4 초 동안 말하기
만일 분류 결과가 나이 인가? (이)라면
내 나이는 12살이야. 을(를) 4 초 동안 말하기
만일 분류 결과가 취미 인가? (이)라면
나는 너와 노는 것이 취미야^^ 을(를) 4 초 동안 말하기
1 인공지능 블록 확인
2
3 인공지능 블록을 추가하고, 클릭해서 표시되는 목록 중 '취미'를 선택해서 변경
4
5 클릭해서 문장 변경

1. 인공지능 학습을 위한 클래스가 추가되었기 때문에 Stage 5와 Stage 6에서 조립한 블록의 결과를 확인해야 합니다.
2. 블록 탭에서 흐름 카테고리의 만일 참 (이)라면 블록을 마우스로 끌어서 Stage 6에서 추가한 만일 블록 아래에 그림과 같이 붙입니다.
3. 블록 탭에서 인공지능 카테고리의 분류 결과가 이름 인가? 블록을 마우스로 끌어 2에서 추가한 블록의 참 위치에 놓고, 이름 을 클릭해서 "취미"로 변경합니다.
4. 블록 탭에서 생김새 카테고리의 안녕! 을(를) 4 초 동안 말하기 블록을 마우스로 끌어 2에서 추가한 블록에 끼워넣기 해서 붙입니다.
5. 4에서 추가한 블록의 안녕! 을 클릭해서 그림에서와 같이 "나는 너와 노는 것이 취미야^^"로 문장을 변경합니다.

6 정복! 인공지능 | 코드를 점검해요

사용한 각 오브젝트에 대한 코드를 점검합니다.

★ 엔트리 봇

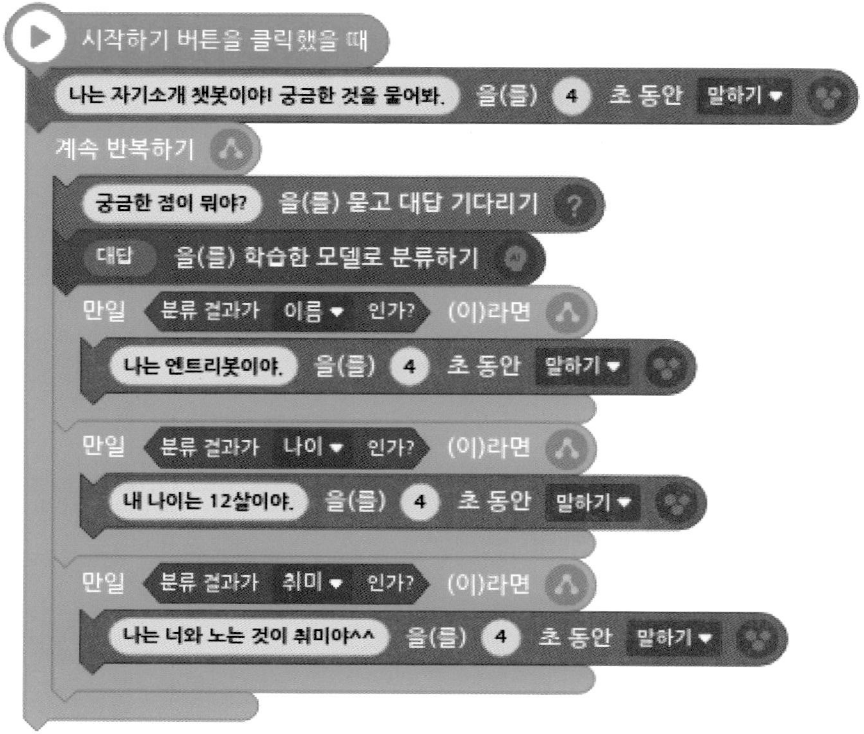
시작하기 버튼을 클릭했을 때
나는 자기소개 챗봇이야! 궁금한 것을 물어봐. 을(를) 4 초 동안 말하기
계속 반복하기
궁금한 점이 뭐야? 을(를) 묻고 대답 기다리기
대답 을(를) 학습한 모델로 분류하기
만일 분류 결과가 이름 인가? (이)라면
나는 엔트리봇이야. 을(를) 4 초 동안 말하기
만일 분류 결과가 나이 인가? (이)라면
내 나이는 12살이야. 을(를) 4 초 동안 말하기
만일 분류 결과가 취미 인가? (이)라면
나는 너와 노는 것이 취미야^^ 을(를) 4 초 동안 말하기

7 AI처럼 생각해요! 생각하는 AI 전문가

챗봇 또한 인간이 만들었기 때문에, 개발자들의 인식, 경험, 편향성 등이 반영될 수 있습니다. 그래서 챗봇에도 편향성(한쪽으로 치우친 성질)이 존재할 수 있습니다. 챗봇이 대화를 하면서 사용되는 텍스트나 언어에 따라 특정 성향이 드러날 수 있습니다. 또한, 챗봇이 제공하는 정보가 특정 입장을 선호하거나, 일부 정보를 무시할 가능성이 있습니다. 이러한 편향성을 방지하기 위해서는 다양한 관점과 입장을 고려하여 챗봇의 학습 데이터를 선별해야 합니다. 특정 한계, 편향성을 가진 데이터는 배제하고, 다양한 의견과 정보가 포함된 데이터를 사용해 학습을 수행해야합니다. 또한 사용자가 대화를 나누는 과정에서 사용자의 인식과 경험을 인지하고, 사용자의 의도와 관련 있는 정보를 제공할 수 있어야 합니다. 챗봇의 편향성을 해결하려면, 인공지능 연구자들과 개발자들은 챗봇의 학습 알고리즘을 지속적으로 검토하고, 인공지능의 학습이 이루어지는 데이터의 다양성과 균형성을 유지해야 합니다. 이를 통해 챗봇이 다양한 관점과 입장을 반영하고 편향성을 줄일 수 있습니다.

◎ 함께 생각해 보기

1 챗봇이란 무엇인가요?

2 챗봇은 어디에 쓰이고 있나요?

3 내가 챗봇을 만든다면 어떤 챗봇을 만들고 싶나요?

4 챗봇을 만들거나 사용할 때 어떤 점을 주의해야 하나요?

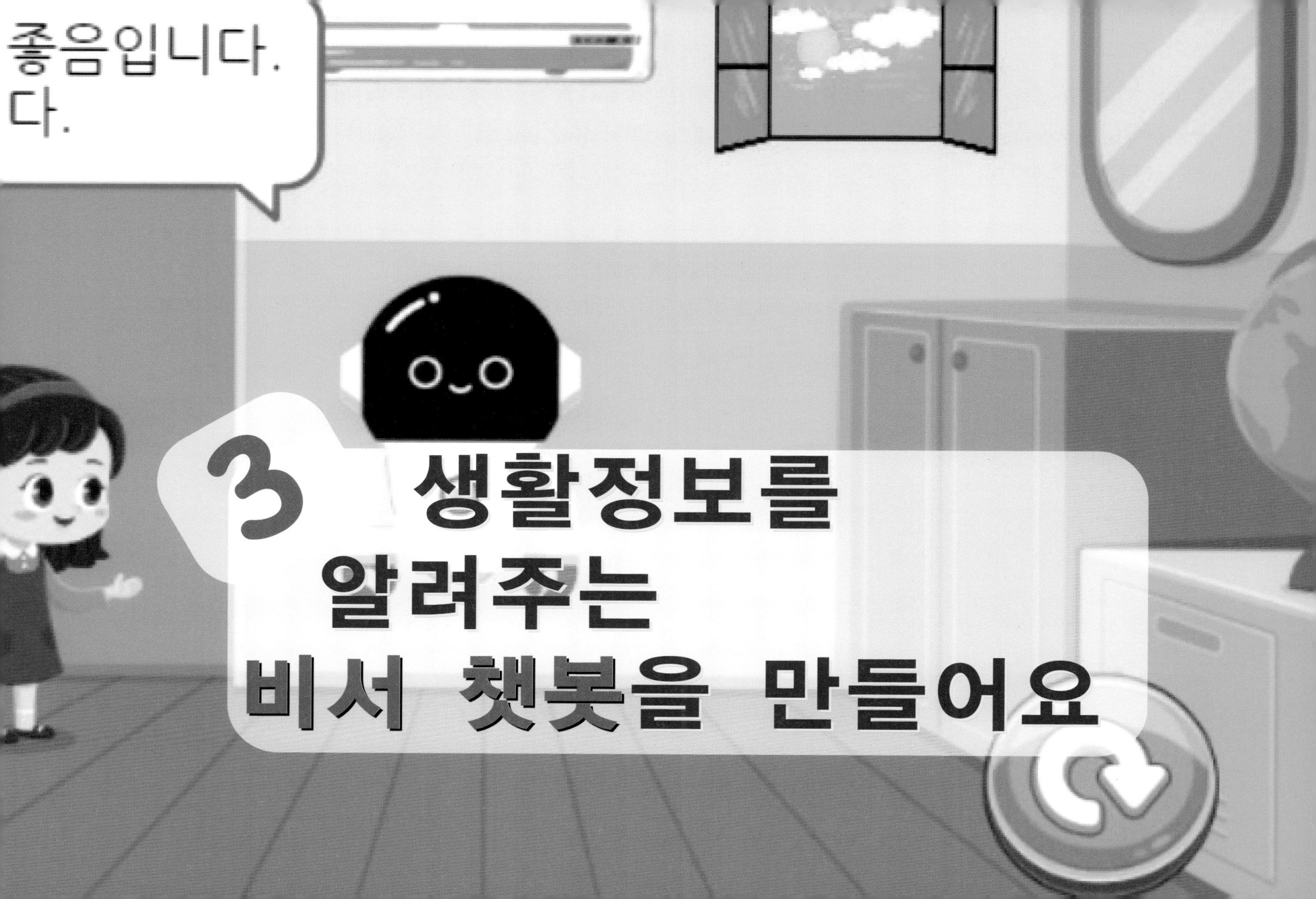

3 생활정보를 알려주는 비서 챗봇을 만들어요

1 궁금해요 AI! # 챗봇의 원리는

챗봇은 인공지능(AI) 기반의 소프트웨어로, 사람처럼 대화를 진행하여 사용자와 정보 교환을 하거나 질문에 답변하는 역할을 합니다.

챗봇은 주로 자연어 처리(NLP) 기술을 사용하여 사용자가 입력하는 텍스트나 음성을 분석하고 이해합니다. 챗봇의 핵심 원리는 머신러닝 알고리즘과 인공신경망 구조를 기반으로 합니다. 먼저, 큰 데이터셋을 사용하여 챗봇을 학습시키면서 다양한 패턴, 언어 구조, 주제 등을 인식하도록 만듭니다. 이렇게 학습된 챗봇은 사용자의 질문에 적절한 응답을 생성할 수 있습니다. 챗봇이 작동하는 과정은 다음과 같습니다.

- ▶ 사용자로부터 텍스트 또는 음성으로 입력을 받습니다.
- ▶ NLP(Natural Language Processing, 자연어 처리)를 사용하여 입력을 분석하여 중요한 요소와 의도를 파악합니다.
- ▶ 데이터베이스 또는 학습된 지식에서 적절한 정보와 답변을 찾거나 생성합니다.
- ▶ 사용자에게 응답을 반환합니다.

챗봇은 규칙 기반 챗봇과 AI 기반 챗봇으로 구분할 수 있습니다. 규칙 기반 챗봇은 작동 원리가 비교적 간단하며, 미리 정의된 규칙에 따라 일치하는 답변을 찾아 반환합니다. 반면에 AI 기반 챗봇은 머신러닝과 인공신경망 기술을 사용하여 학습하며, 텍스트 분석과 생성 능력이 더욱 발전한 형태입니다. 이러한 챗봇은 더욱 복잡한 상황과 대화에도 대응할 수 있는 능력을 가지고 있습니다.

2 활용해요 AI! # 챗봇 비교하기

ChatGPT Generative Pre-trained Transformer	Bard 바드 Bard	Bing
OpenAI	Google	Microsoft
2023년 5월 24일 (초기) 2023년 5월 24일 출시	2023년 3월 21일 (초기) 2023년 5월 15일 출시	2023년 2월 7일 출시

ChatGPT, BARD, 및 Bing은 각각 OpenAI, Facebook AI, 및 Microsoft에서 개발된 인공지능 언어 모델입니다. 이들은 자연어 처리(NLP) 작업에 뛰어난 성능을 보이며, 각 기술들은 독특한 특징과 차이점을 가지고 있습니다. ChatGPT는 OpenAI의 GPT 계열 모델로 자연어 생성 및 이해 능력이 뛰어나 대화를 하는 것처럼 동작합니다. 주로 대화형 인터페이스에서 사용되며 Q&A 문제 해결, 글쓰기, 요약 등 다양한 자연어 처리 작업에 적용 가능합니다. OpenAI의 이전 모델, GPT-3 기반으로 개량된 버전이 존재하며, 많은 애플리케이션에서 사용할 수 있습니다.

BARD는 구글에서 개발한 인공지능 언어 모델로, 기존의 텍스트 입력을 이해하고 응답하는 것뿐만 아니라, 텍스트와 함께 주어진 데이터를 사용해 추론하는 데 초점을 맞춥니다. 정형 데이터와 자연어를 함께 처리하며, 복잡한 문제해결, 정보 검색 등에 활용됩니다. Bing은 Microsoft에서 개발한 인공지능 언어 모델로 정보 검색과 검색 엔진 기능이 강화되어 있습니다. Bing은 웹페이지를 크롤링하여 정리하고, 검색어를 입력했을 때 이와 관련된 결과를 빠르게 찾아서 보여주는 기능을 제공합니다. 자연어 처리를 사용해 사용자의 검색어를 이해하고, 가장 관련된 페이지를 찾아 보여 줍니다. 결론적으로, 이 세 가지 인공지능 언어 모델은 각각 다른 목적과 기능을 가지고 있습니다. ChatGPT는 다양한 대화형 작업에 적합하며, BARD는 데이터와 텍스트를 함께 사용하는 복잡한 작업에 적절하고, Bing은 정보 검색에 초점을 맞춘 인공지능입니다. 이러한 차이점에 따라 적합한 작업과 애플리케이션을 선택할 수 있습니다.

AskUp

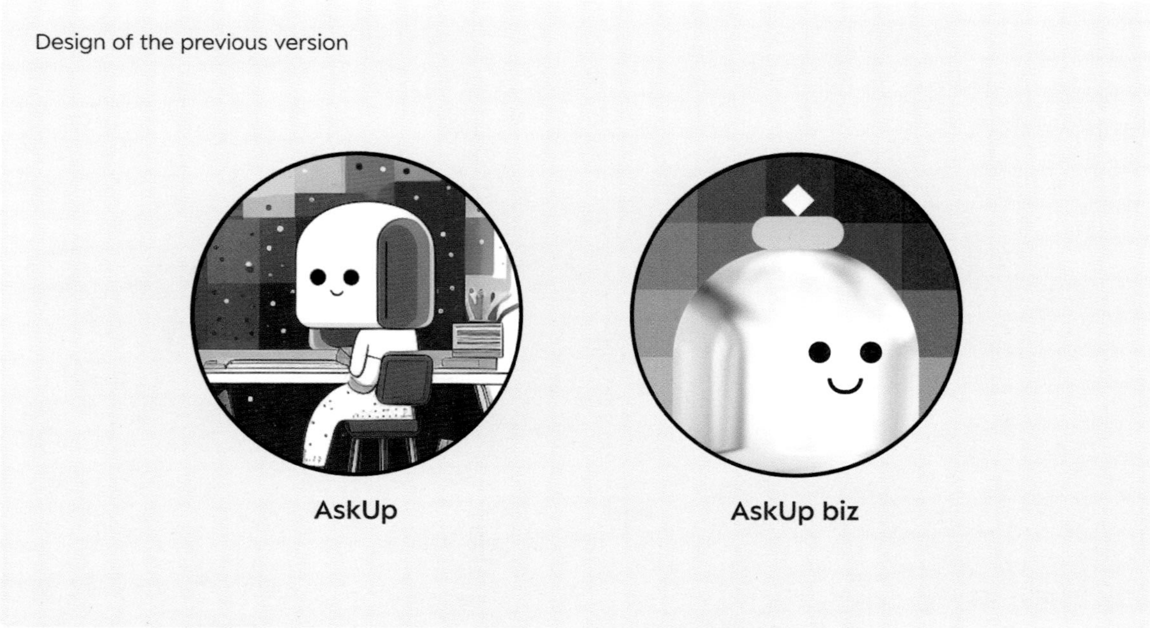

그림은 'Askup' 홈페이지 "https://www.askup.ai/"에서 빌려 왔습니다.

AskUp은 업스테이지가 개발한 인공지능 챗봇 서비스로 카카오톡을 통해서 챗봇을 체험할 수 있습니다. AskUp을 사용하는 방법은 간단합니다. 바로 카카오톡에서 친구로 추가하여 대화를 시작하면 됩니다.

카카오톡 상단의 검색 기능을 통해 AskUp을 사용하는 방법을 알아보겠습니다.

카카오톡 화면 윗 부분에서 ❶ 친구 아이콘을 클릭한 뒤에 ❷ 돋보기를 클릭합니다. 표시되는 검색 창에 그림에서와 같이 ❸ 검색창에 "askup"을 입력합니다. 표시되는 친구 목록에서 ❹"AskUp"을 클릭하여 선택하면 대화방에서 AskUP과 대화를 나눌 수 있습니다.

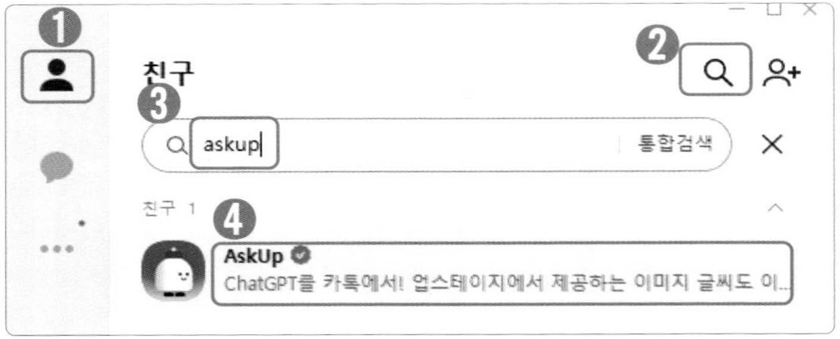

4 컴퓨팅 사고 능력을 길러요! | 알고리즘 설계

MEMO

인공지능 챗봇을 만들기 전에 전체 과정을 이해하면서 컴퓨팅 사고력을 길러야 해요!

◎ 목표 쏙쏙

텍스트 분류 모델 학습을 통해 생활 정보를 알려주고 상황에 맞게 동작하는 비서 챗봇을 만들어 봅니다.

반갑습니다. 생활정보를 알려
주는 엔트리 비서 입니다.
원하는 정보를 질문해주세요.
대답 0

24도 이상이므로 에어컨을
작동합니다.

◎ 컴퓨터 사고력 쏙쏙

알고리즘 설계

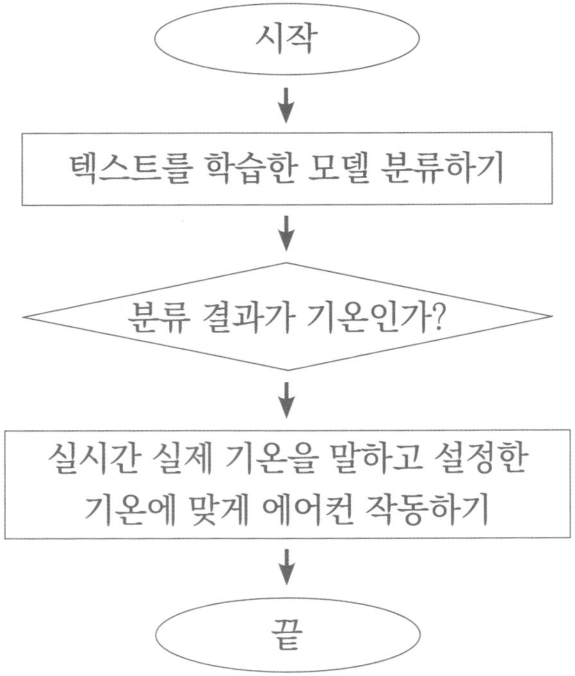

▶ Stage 1 오브젝트 추가하기

❶ 엔트리를 시작하면 처음 나와 있는 오브젝트를 삭제합니다.

❷ [+ 오브젝트 추가하기]를 눌러 오브젝트를 추가할 준비를 합니다.

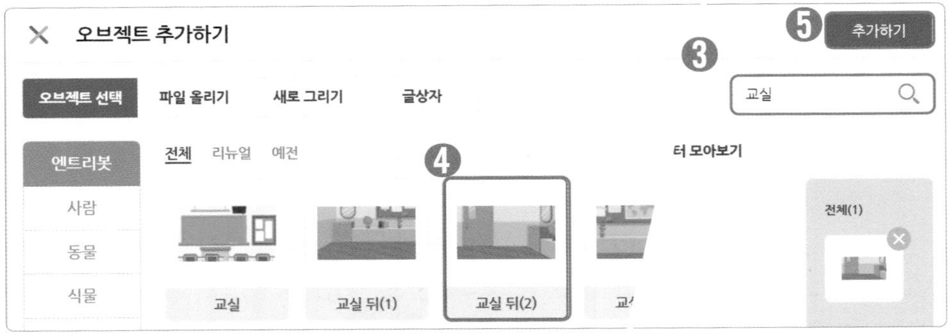

③ ④ ⑤ **오브젝트 추가하기** 창의 오른쪽 윗 부분에 있는 검색 창에서 '교실'을 입력하여 검색합니다. 표시된 검색 결과에서 "교실 뒤(2)"를 선택하고 추가하기를 눌러 오브젝트를 추가합니다.

같은 방법으로 ⑥ "소놀 AI 로봇", ⑦ "소녀(2)", ⑧ "에어컨", ⑨"새로고침 버튼", ⑩ "창문"을 각각 검색하여 오브젝트를 추가하고 그림에서와 같이 적당한 위치에 배치합니다.

tips

"소놀 AI 로봇"을 클릭하고 오른쪽 작업 영역에서 블록 모양 소리 속성 버튼을 클릭하면 다양한 모양의 "소놀 AI 로봇"이 표시됩니다. 원하는 모양을 선택할 수 있어요.

▶ Stage 2 학습할 인공지능 모델 선택하기

❶ 오른쪽 작업 영역에서 **블록** 탭을 선택합니다.

❷ 블록 카테고리에서 **인공지능** 을 눌러 선택합니다.

❸ 인공지능 학습, 즉 머신러닝을 위해 **인공지능 모델 학습하기**를 클릭합니다.

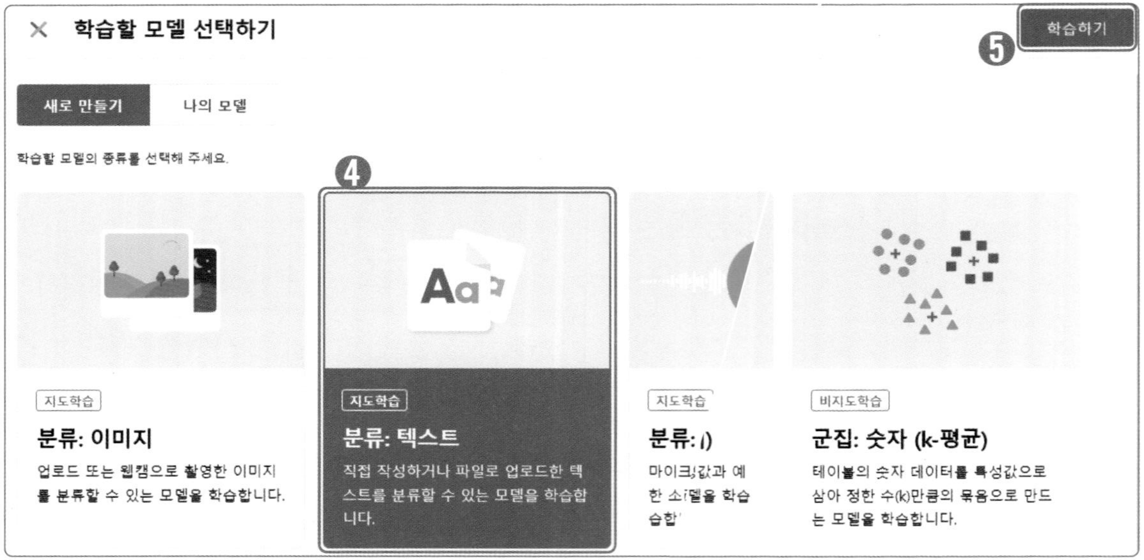
학습할 모델 선택하기
학습하기
새로 만들기
나의 모델
학습할 모델의 종류를 선택해 주세요.
지도학습
분류: 이미지
업로드 또는 웹캠으로 촬영한 이미지를 분류할 수 있는 모델을 학습합니다.
지도학습
분류: 텍스트
직접 작성하거나 파일로 업로드한 텍스트를 분류할 수 있는 모델을 학습합니다.
지도학습
비지도학습
군집: 숫자 (k-평균)
테이블의 숫자 데이터를 특성값으로 삼아 정한 수(k)만큼의 묶음으로 만드는 모델을 학습합니다.

④ **학습할 모델 선택하기** 창에서 학습할 모델로 **분류: 텍스트** 를 선택합니다.

⑤ **학습할 모델 선택하기** 창의 오른쪽 위에 있는 학습하기 를 클릭하여 학습을 시작합니다.

▶ Stage 3 텍스트 분류 모델 학습하기

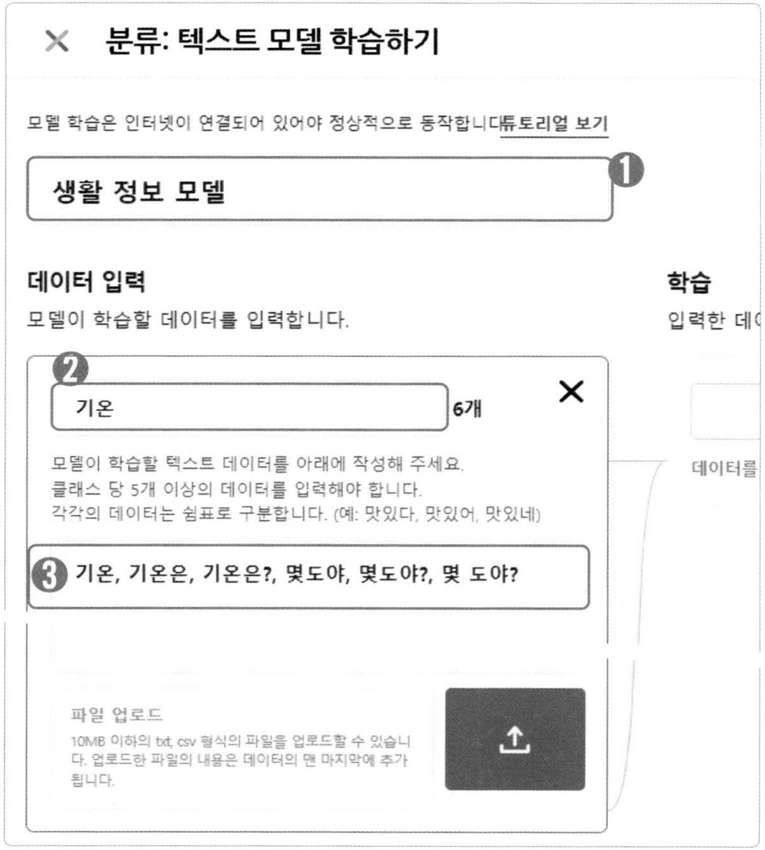
분류: 텍스트 모델 학습하기
모델 학습은 인터넷이 연결되어 있어야 정상적으로 동작합니다
튜토리얼 보기
생활 정보 모델
데이터 입력
모델이 학습할 데이터를 입력합니다.
학습
기온
6개
모델이 학습할 텍스트 데이터를 아래에 작성해 주세요.
클래스 당 5개 이상의 데이터를 입력해야 합니다.
각각의 데이터는 쉼표로 구분합니다. (예: 맛있다, 맛있어, 맛있네)
기온, 기온은, 기온은?, 몇도야, 몇도야?, 몇 도야?
파일 업로드
10MB 이하의 txt, csv 형식의 파일을 업로드할 수 있습니다. 업로드한 파일의 내용은 데이터의 맨 마지막에 추가됩니다.

❶ 학습하는 모델의 이름으로 "생활 정보 모델"을 입력합니다.

❷ "클래스1"으로 표시된 곳에 "기온"을 입력합니다.

❸ 텍스트 데이터를 작성해 주세요. 영역을 클릭하여 "기온"에 대해 학습할 수 있는 데이터를 다음과 같이 입력합니다.

기온, 기온은, 기온은? 몇도야, 몇도야? 몇 도야?

텍스트 모델이 학습할 데이터를 입력할 때는 단어 또는 문장 뒤에 쉼표(,)를 넣고 한 칸을 띄운 후에 다음 데이터를 입력해야 인식이 됩니다.

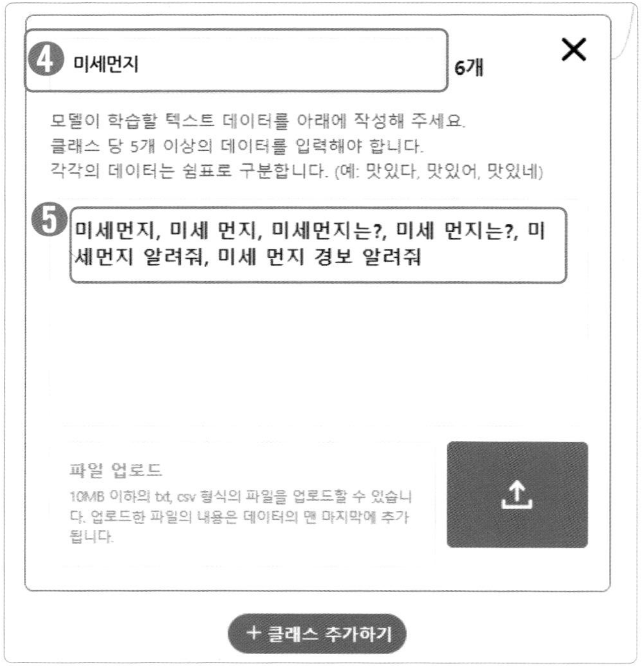

4 미세먼지
6개
모델이 학습할 텍스트 데이터를 아래에 작성해 주세요.
클래스 당 5개 이상의 데이터를 입력해야 합니다.
각각의 데이터는 쉼표로 구분합니다. (예: 맛있다, 맛있어, 맛있네)
5 미세먼지, 미세 먼지, 미세먼지는?, 미세 먼지는?, 미세먼지 알려줘, 미세 먼지 경보 알려줘
파일 업로드
10MB 이하의 txt, csv 형식의 파일을 업로드할 수 있습니다. 업로드한 파일의 내용은 데이터의 맨 마지막에 추가됩니다.
+ 클래스 추가하기

❹ "클래스2"로 표시된 곳에 두 번째 학습할 데이터의 이름으로 "미세먼지"를 입력합니다.

❺ 텍스트 데이터를 작성해 주세요. 영역을 클릭하여 "메세먼지"에 대해 학습할 수 있는 데이터를 다음과 같이 입력합니다.

미세먼지, 미세 먼지, 미세먼지는?

미세 먼지는? 미세먼지 알려줘, 미세 먼지 정보 알려줘

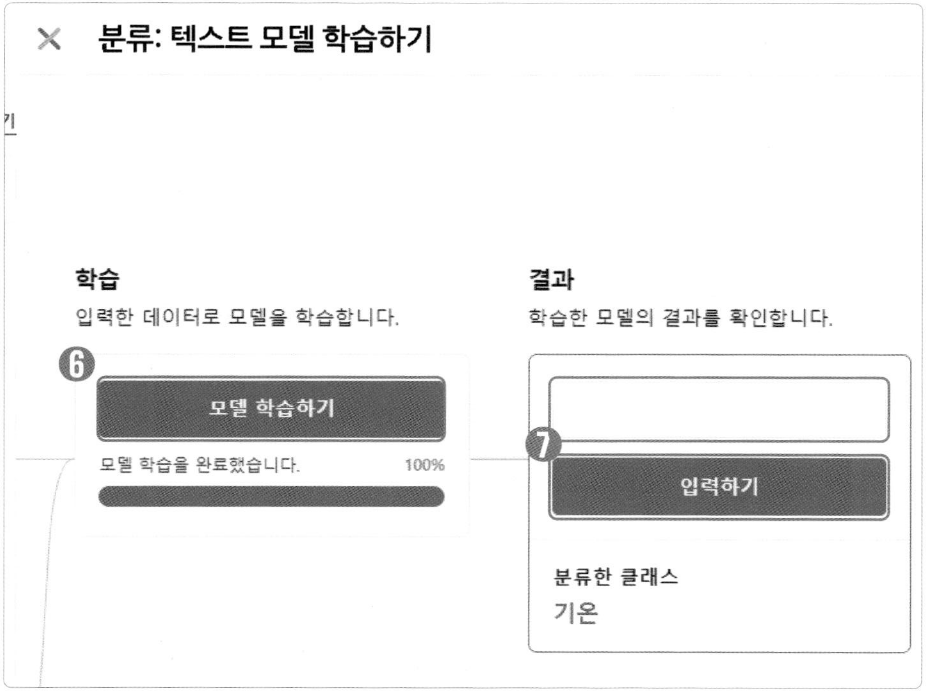

❻ [× 분류: 텍스트 모델 학습하기] 창 가운데 위치한 [모델 학습하기] 버튼을 눌러 인공지능의 기계학습을 시작합니다.

❼ 학습한 내용을 확인하기 위해 질문을 입력하고 [입력하기] 버튼을 클릭하면 결과를 확인할 수 있습니다.

❽ 학습 결과를 확인했으면, [× 분류: 텍스트 모델 학습하기] 창의 오른쪽 위에 위치한 [적용하기] 버튼을 눌러 학습을 완료합니다.

▶ Stage 4 생활 정보를 알려주는 엔트리 비서라고 말하기

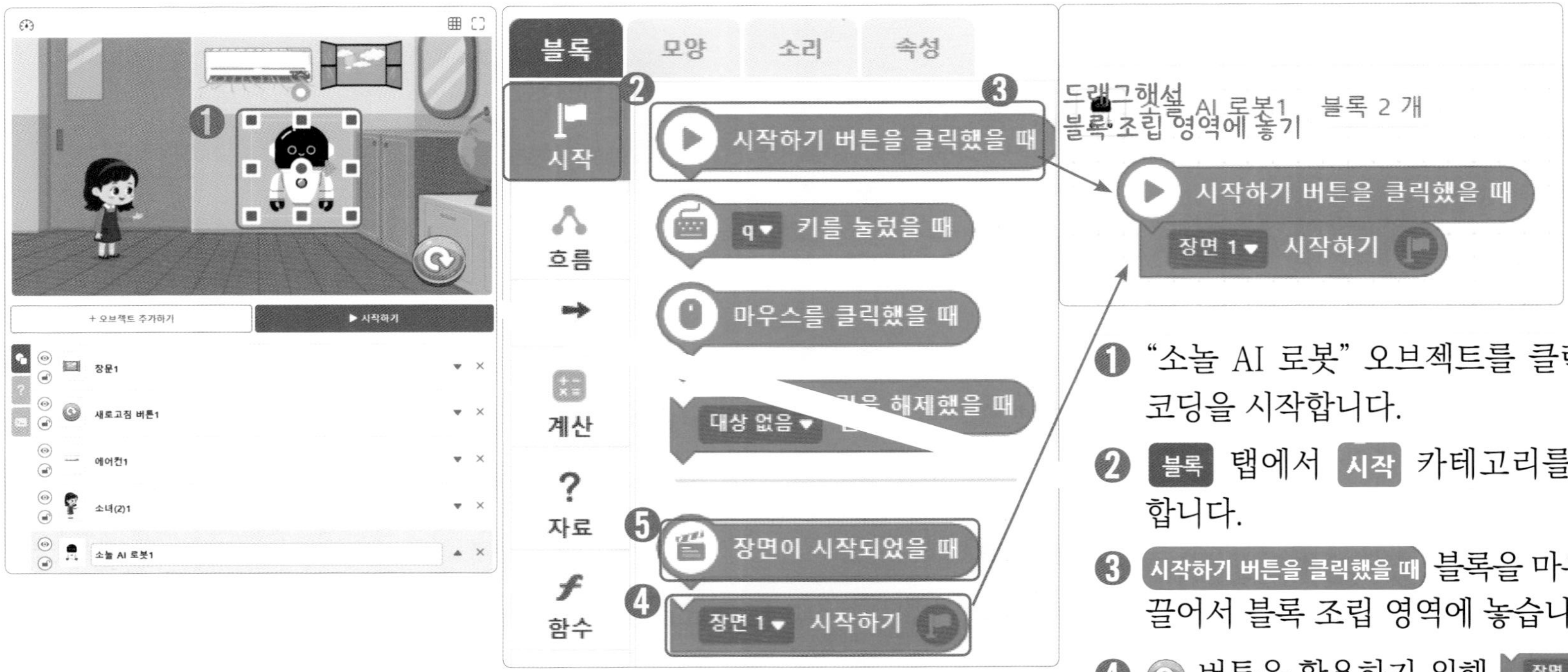

❶ "소놀 AI 로봇" 오브젝트를 클릭하고 코딩을 시작합니다.

❷ 블록 탭에서 시작 카테고리를 선택합니다.

❸ 시작하기 버튼을 클릭했을 때 블록을 마우스로 끌어서 블록 조립 영역에 놓습니다.

❹ 버튼을 활용하기 위해 장면 1 시작하기 블록을 ❸의 블록에 결합합니다.

시작하기 버튼을 클릭했을 때
장면 1 시작하기
5
장면이 시작되었을 때
6
반갑습니다. 생활정보를 알려주는 엔트리 비서입니다. 온도와 미세먼지 중 원하는 정보를 질문해주세요. 을(를) 묻고 대답 기다리기

❺ 장면이 시작되었을 때 블록을 끌어 블록 조립 영역에 놓습니다.

❻ 블록 탭에서 자료 카테고리를 선택하고, 안녕! 을(를) 묻고 대답 기다리기 블록을 끌어 ❺의 블록에 결합합니다.

❻에서 연결한 안녕! 을(를) 묻고 대답 기다리기 블록에서 "안녕"을 마우스로 눌러 위의 그림에서와 같이 "반갑습니다. 생활정보를 알려주는 엔트리 비서입니다. 온도와 미세먼지 중 원하는 정보를 질문해주세요."로 변경합니다.

▶ Stage 5 인공지능 분류 모델 학습 블록 사용하기

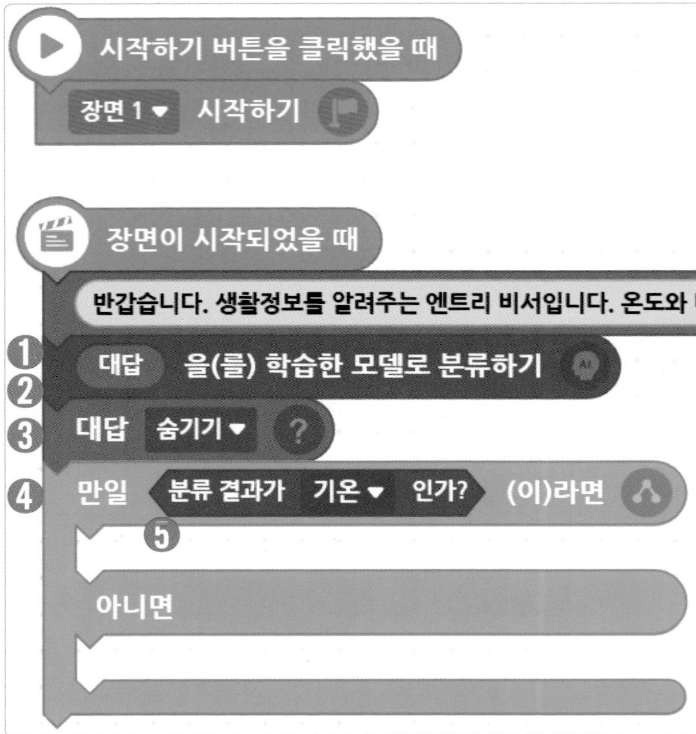
시작하기 버튼을 클릭했을 때
장면 1 ▾ 시작하기
장면이 시작되었을 때
반갑습니다. 생활정보를 알려주는 엔트리 비서입니다. 온도와 미세먼지 중 원하는 정보를 질문해 주세요. 을(를) 묻고 대답 기다리기
1 대답 을(를) 학습한 모델로 분류하기
2
3 대답 숨기기 ▾
4 만일 분류 결과가 기온 ▾ 인가? (이)라면
5
아니면

❶ 블록 탭에서 인공지능 카테고리의 엔트리 을(를) 학습한 모델로 분류하기 블록을 끌어서 앞 블록에 붙입니다.

❷ 블록 탭에서 자료 카테고리의 대답 블록을 마우스로 끌어 ❶에서 추가한 블록의 엔트리 위치에 놓아 그림과 같이 인공지능 블록을 변경합니다.

❸ 조립 영역의 오른쪽 위에 표시되는 대답 0 표시를 사라지게 하기 위해 자료 카테고리의 대답 숨기기 ▾ 블록을 마우스로 끌어 ❷에서 추가한 블록에 붙입니다.

❹ 질문에 따른 대답을 인공지능으로 분류하기 위해 블록 탭에서 흐름 카테고리의 만일 참 (이)라면 아니면 블록을 마우스로 끌어 조립 영역에 놓습니다.

❺ 블록 탭에서 인공지능 카테고리의 분류 결과가 기온 ▾ 인가? 블록을 끌어 ❶에서 추가한 블록의 참 위치에 놓아 인공지능 블록을 변경한 뒤에 그림과 같이 ❸의 블록에 붙입니다.

▶ Stage 6 인공지능 분류 결과에 따라 신호 만들기

❶ 인공지능을 동작시키는 신호를 만들기 위해 오브젝트 영역에서 "소놀 AI 로봇" 오브젝트를 선택합니다.

❷ 속성 탭을 선택하고, ❸ 신호 를 클릭하면 표시되는 ❹의 신호 추가하기 버튼을 클릭합니다.

❺ 표시되는 "신호이름" 입력 영역에 "기온"을 입력하고 ❻의 신호 추가 버튼을 클릭합니다. ❹❺❻의 과정을 반복하면서 "미세먼지", "에어컨 작동", "창문 열림" 신호를 추가합니다.

7 추가한 "신호" 목록을 확인합니다.

REF

"신호"는 어떤 오브젝트가 원하는 때에 다른 오브젝트의 블록이 동작할 타이밍을 알려주는 기능입니다. "신호"를 사용하면 인공지능이 상황에 맞게 작동하도록 할 수 있습니다.

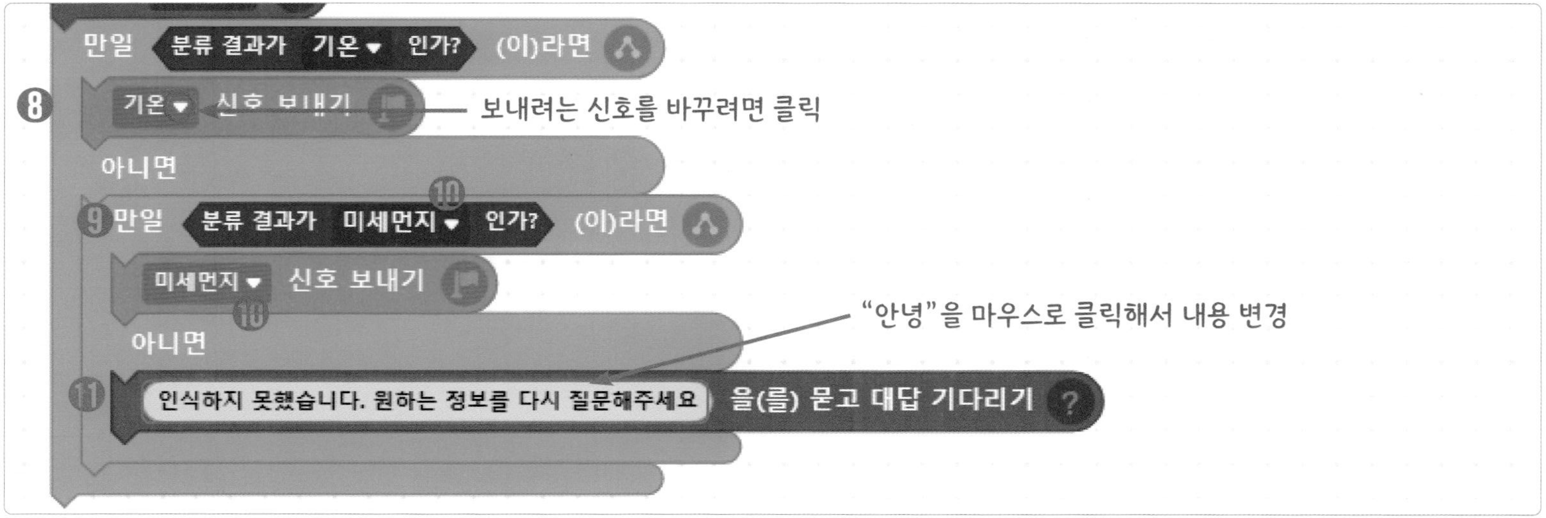
만일 분류 결과가 기온▾ 인가? (이)라면
8
기온▾ 신호 보내기
보내려는 신호를 바꾸려면 클릭
아니면
9 만일 분류 결과가 미세먼지▾ 인가? (이)라면
10
미세먼지▾ 신호 보내기
10
"안녕"을 마우스로 클릭해서 내용 변경
아니면
11
인식하지 못했습니다. 원하는 정보를 다시 질문해주세요 을(를) 묻고 대답 기다리기

❽ 다시 "소놀 AI 로봇" 오브젝트에 대한 코딩을 이어갑니다. 블록 탭에서 시작 카테고리를 선택하고 [창문 열림▾ 신호 보내기] 블록을 위의 그림에서와 같은 위치에 추가합니다. 위 그림에서 안내하는 방법으로 '신호' 목록을 확인하고 표시된 신호 목록에서 '기온'을 선택합니다.

❾ [만일 분류 결과가 기온▾ 인가? (이)라면] 블록을 클릭하여 선택하고 복사(CTRL+C)해서 붙여넣기(CTRL+V) 합니다. 붙여넣기된 블록을 끌어서 ❾의 위치에 블럭을 결합하고, ❿ 신호의 종류를 '미세먼지'로 변경합니다.

⓫ 블록 탭에서 자료 카테고리를 선택하고, [안녕! 을(를) 묻고 대답 기다리기] 블록을 끌어 ⓫의 위치에 블록을 결합하고, "안녕"을 마우스로 눌러 위의 그림에서와 같이 "인식하지 못했습니다. 원하는 정보를 다시 질문해 주세요"로 변경합니다.

▶ Stage 7 실시간 기온 정보를 활용하여 기온에 맞게 에어컨 작동하기(1)

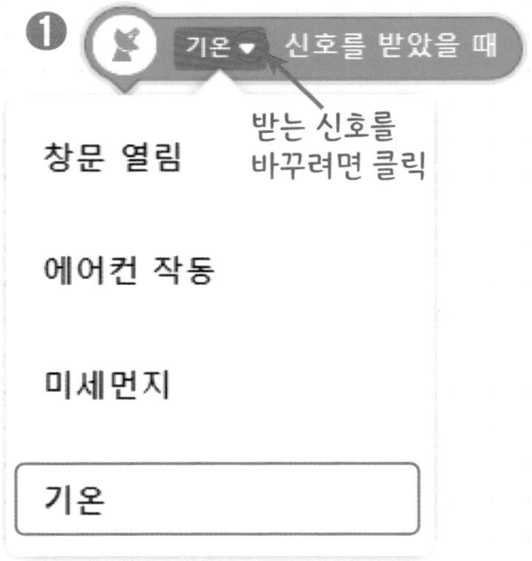

❶ 블록 탭에서 시작 카테고리를 선택하고 [창문 열림 신호를 받았을 때] 블록을 조립 영역으로 끌어 Stage 6의 결과 아래에 위치하도록 하고, '신호' 목록을 표시하여 '기온'을 선택합니다.

❷ 실시간 기온 정보를 불러오기 위해 블록 탭에서 확장 카테고리를 선택합니다.

❸ 확장 카테고리를 선택한 결과로 탭 목록 아래에 표시되는 [확장 블록 불러오기] 버튼을 클릭하면 [확장 블록 불러오기] 창이 표시됩니다.

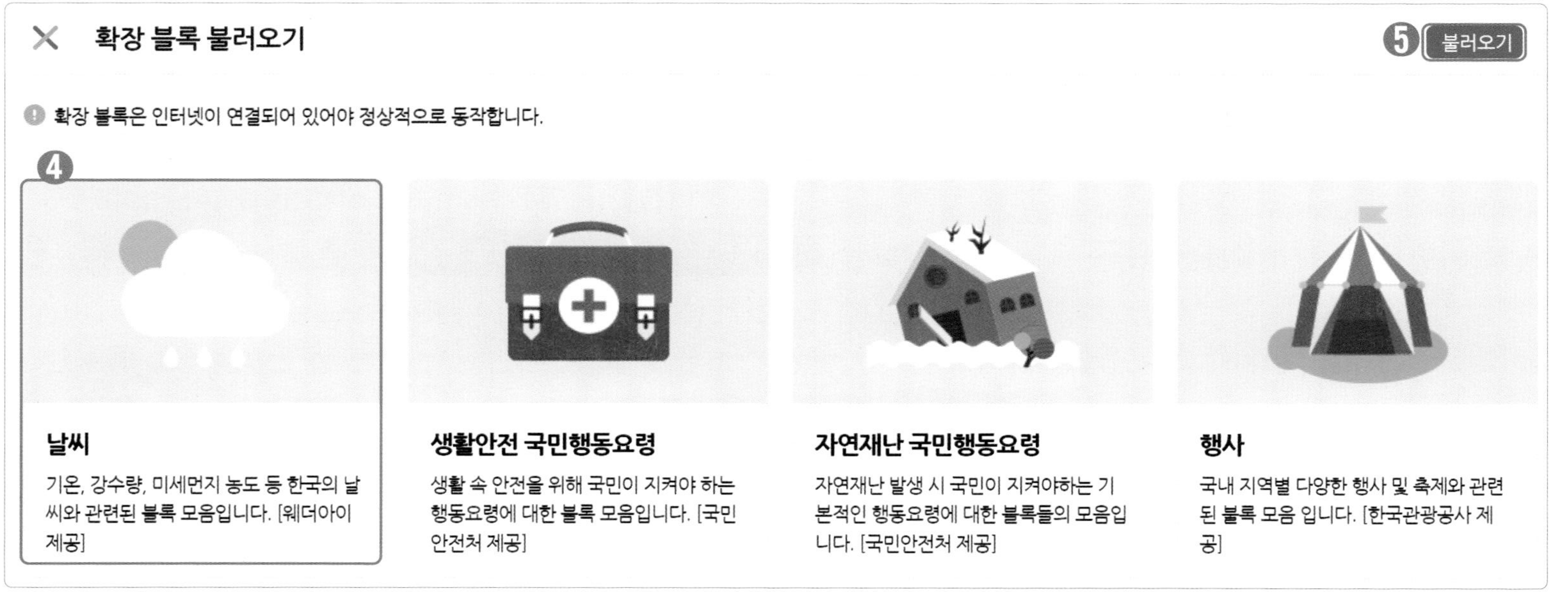

확장 블록 불러오기
5 불러오기
확장 블록은 인터넷이 연결되어 있어야 정상적으로 동작합니다.
4
날씨
기온, 강수량, 미세먼지 농도 등 한국의 날씨와 관련된 블록 모음입니다. [웨더아이 제공]
생활안전 국민행동요령
생활 속 안전을 위해 국민이 지켜야 하는 행동요령에 대한 블록 모음입니다. [국민안전처 제공]
자연재난 국민행동요령
자연재난 발생 시 국민이 지켜야하는 기본적인 행동요령에 대한 블록들의 모음입니다. [국민안전처 제공]
행사
국내 지역별 다양한 행사 및 축제와 관련된 블록 모음 입니다. [한국관광공사 제공]

❹ 확장 블록 불러오기 창에서 "날씨"를 선택하고,

❺ 오른쪽 위에 있는 불러오기 버튼을 클릭하면 실시간 날씨 블록을 불러와 확장 블록을 표시합니다.

❻ 오른쪽 그림에서와 같이 확장 블록 불러오기 버튼 아래 표시된 확장 블록을 확인합니다.

확장 블록 불러오기
날씨
6
오늘 ▾ 서울 ▾ 전체 ▾ 의 날씨가 맑음 ▾ 인가?
현재 서울 ▾ 전체 ▾ 의 미세먼지 등급이 좋음 ▾ 인가?
오늘 ▾ 서울 ▾ 전체 ▾ 의 최저기온(℃) ▾
현재 서울 ▾ 전체 ▾ 의 기온(℃) ▾
오늘 서울 ▾ 전체 ▾ 의 00 ▾ 시 기온

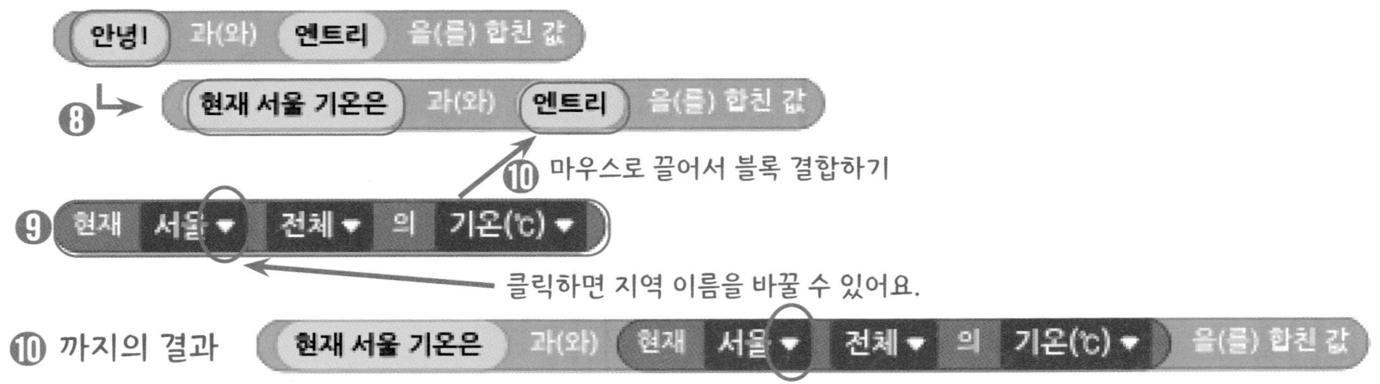
안녕! 과(와) 엔트리 을(를) 합친 값
8
현재 서울 기온은 과(와) 엔트리 을(를) 합친 값
10 마우스로 끌어서 블록 결합하기
9
현재 서울 전체 의 기온(℃)
클릭하면 지역 이름을 바꿀 수 있어요.
10 까지의 결과
현재 서울 기온은 과(와) 현재 서울 전체 의 기온(℃) 을(를) 합친 값

7 챗봇이 실시간 온도를 말할 수 있는 준비를 위해 다음 과정을 진행합니다.

8 블록 탭에서 계산 카테고리의 [안녕! 과(와) 엔트리 을(를) 합친 값] 블록을 블록 조립 영역으로 끌어 옵니다. [안녕!]을 마우스로 눌러 "안녕"을 "현재 서울의 기온은"을 입력하여 문장을 변경합니다. 입력하는 문장에서 지역 이름은 자신이 살고 있는 지역 이름으로 변경합니다.

9 확장 카테고리의 [현재 서울 전체 의 기온(℃)] 블록을 블록 조립소로 끌어 옵니다. 지역 이름을 마우스로 눌러 자신이 살고 있는 지역 이름으로 변경합니다.

10 블록조립소에서 9에서 끌어온 블록을 마우스로 끌어 8의 결과 블록에서 [엔트리] 위치에 놓아 두 블록을 결합합니다.

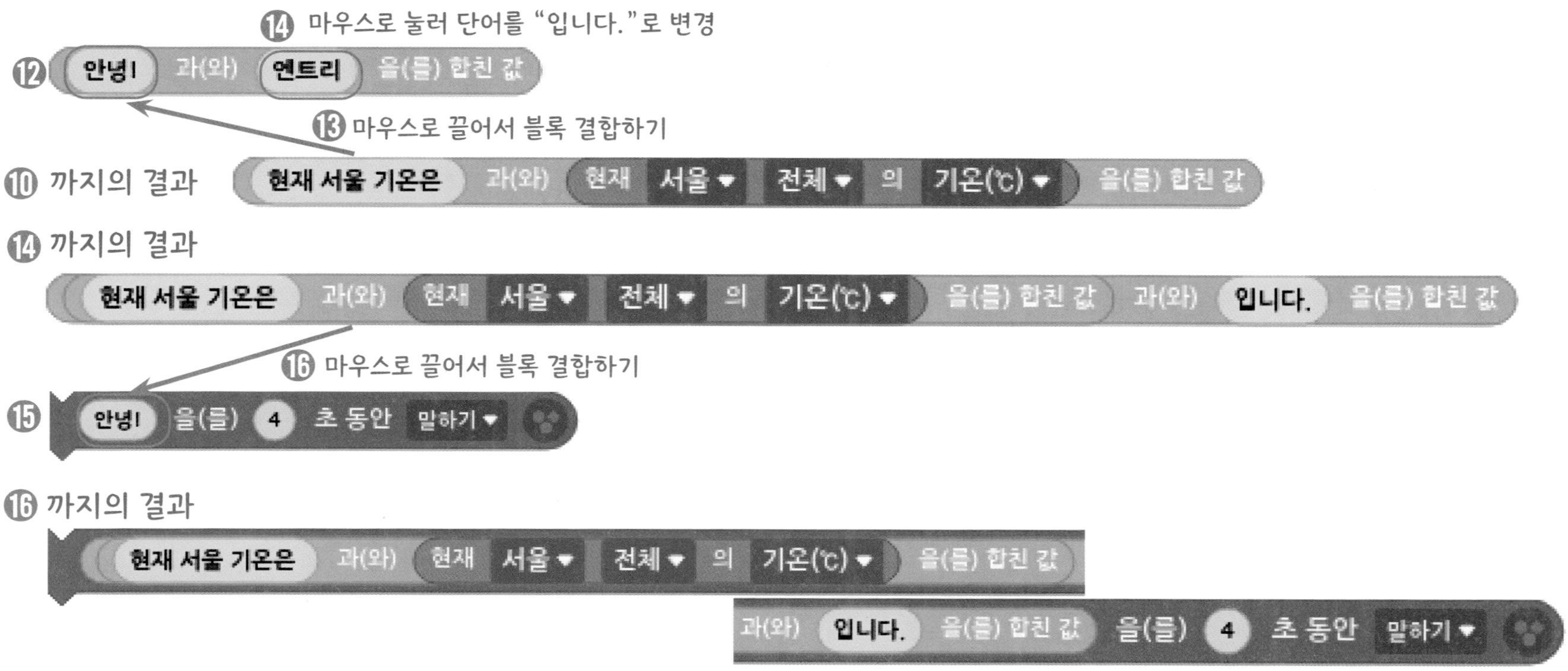
⑭ 마우스로 눌러 단어를 "입니다."로 변경
⑫ 안녕! 과(와) 엔트리 을(를) 합친 값
⑬ 마우스로 끌어서 블록 결합하기
⑩ 까지의 결과
현재 서울 기온은 과(와) 현재 서울 전체 의 기온(℃) 을(를) 합친 값
⑭ 까지의 결과
현재 서울 기온은 과(와) 현재 서울 전체 의 기온(℃) 을(를) 합친 값 과(와) 입니다. 을(를) 합친 값
⑯ 마우스로 끌어서 블록 결합하기
⑮ 안녕! 을(를) 4 초 동안 말하기
⑯ 까지의 결과
현재 서울 기온은 과(와) 현재 서울 전체 의 기온(℃) 을(를) 합친 값
과(와) 입니다. 을(를) 합친 값 을(를) 4 초 동안 말하기

⑪ 챗봇이 더욱 자연스럽게 말할 수 있도록 다음 과정을 진행합니다.

⑫ 블록 탭에서 계산 카테고리의 안녕! 과(와) 엔트리 을(를) 합친 값 블록을 하나 더 블록 조립 영역으로 끌어 옵니다.

⑬ ⑩의 결과 블록을 마우스로 끌어 ⑫의 결과 블록 안녕! 위치에 놓아 ⑫의 블록에 ⑩의 블록을 결합합니다.

⑭ ⑬의 결과 블록에서 엔트리 위치를 마우스로 눌러 "입니다."로 문장을 변경합니다.

⑮ 블록 탭에서 생김새 카테고리의 안녕! 을(를) 4 초 동안 말하기 블록을 마우스로 끌어 블록 조립 영역으로 끌어 옵니다. ⑯ 안녕! 위치에 ⑭의 결과를 마우스로 끌어 ⑭의 블록을 ⑮의 블록에 결합합니다.

▶ Stage 8 실시간 기온 정보를 활용하여 기온에 맞게 에어컨 작동하기(2)

①
①
⑯
창문 열림 ▾ 신호를 받았을 때
현재 서울 기온은 과(와) 현재 서울 ▾ 전체 ▾ 의 기온(℃) ▾ 을(를) 4 초 동안 말하기 ▾
② 10 ≥ 10
⑤ 마우스로 눌러 숫자를 24로 변경하기
④ 마우스로 끌어서 블록 결합하기
③ 현재 서울 ▾ 전체 ▾ 의 기온(℃) ▾
⑤ 까지의 결과
현재 서울 ▾ 전체 ▾ 의 기온(℃) ▾ ≥ 24

① Stage 7의 ① 블록 아래로 Stage 7의 ⑯ 블록을 이동하여 위 그림에서와 같이 결합합니다. Stage 7의 ⑯ 블록과 같이 여러 블록이 합성된 경우에는 블록의 가장 바깥 부분을 마우스로 잡고 끌어야 전체 블록을 이동할 수 있어요.

② 현재 기온에 따라 챗봇이 에어컨을 작동하는 코딩을 시작합니다. 온도가 24도 이상이면 에어컨을 작동하기 위해 기온을 판단할 수 있도록 블록 탭에서 판단 카테고리의 (10 ≥ 10) 블록을 가져옵니다.

③ 블록 탭에서 확장 카테고리의 (현재 서울 ▾ 전체 ▾ 의 기온(℃) ▾) 블록을 가져옵니다.

④ ③의 블록을 마우스로 끌어 ②의 블록 왼쪽에 있는 숫자 위치에 놓아 ③의 블록을 ②의 블록에 결합합니다.

⑤ ②의 블록 오른쪽에 있는 숫자 '10'을 마우스로 눌러 숫자를 에어컨이 작동하는 온도인 '24'로 변경합니다.

잠

기온 신호를 받았을 때
현재 서울 기온은 과(와) 현재 서울 전체 의 기온(℃) 을(를) 합친 값 을(를) 4 초 동안 말하기
6 만일 현재 서울 전체 의 기온(℃) ≥ 24 (이)라면
7 24도 이상이므로 에어컨을 작동합니다. 을(를) 4 초 동안 말하기
8 에어컨 작동 신호 보내기
10 대답 숨기기
9 마우스로 눌러 목록에서 "에어컨 작동"을 선택
아니면
11 24도 이하이므로 에어콘을 작동하지 않습니다. 을(를) 4 초 동안 말하기

❻ 블록 탭에서 흐름 카테고리의 만일 참 (이)라면 아니면 블록을 마우스로 끌어 조립 영역에 놓습니다. 참 위치에 ❺의 결과 블록을 끌어 놓아 두 블록을 결합합니다.

❼ 블록 탭에서 생김새 카테고리의 안녕! 을(를) 4 초 동안 말하기 블록을 마우스로 끌어 블록 조립 영역으로 끌어와 만일 참 (이)라면 아래에 결합합니다. 안녕! 을 마우스로 눌러 "24도 이상이므로 에이컨을 작동합니다."로 문장을 변경합니다.

❽ 블록 탭의 시작 카테고리에서 창문 열림 신호 보내기 블록을 끌어 ❼의 블록 아래에 결합하고, ❾ 창문 열림 의 목록 확장 버튼을 클릭해서 표시되는 목록 중 "에어컨 작동"을 선택합니다.

❿ 자료 카테고리의 대답 숨기기 블록을 마우스로 끌어 ❽의 블록 아래에 결합합니다.

⓫ 생김새 카테고리의 안녕! 을(를) 4 초 동안 말하기 블록을 마우스로 끌어와 아니면 영역에 결합하고, 안녕! 을 마우스로 눌러 "24도 이하이므로 에어컨을 작동하지 않습니다."로 문장을 변경합니다.

⑫ 에어컨 작동을 위해 오브젝트 화면에서 에어컨 오브젝트를 선택하고 에어컨 오브젝트에 대한 코딩을 시작합니다.

⑬ 블록 탭에서 시작 카테고리를 선택하고 [창문 열림 ▾ 신호를 받았을 때] 블록을 조립 영역으로 끌어 놓고, [창문 열림 ▾]을 클릭하여 표시되는 목록 중 "에어컨 작동"을 선택합니다.

⑭ 생김새 카테고리의 [에어컨_켜짐 ▾ 모양으로 바꾸기] 블록을 끌어와 ⑬의 블록에 붙입니다.

#REF

에어컨 오브젝트가 처음에 꺼진 상태로 표시되기를 원하면, 에어컨 오브젝트가 선택된 상태에서 **모양** 탭을 클릭하면 왼쪽 그림과 같이 두 가지 에어컨 이미지가 표시됩니다. 이미지 목록에서 ❶또는 ❷를 마우스로 끌어 순서를 바꿀수 있어요. ❶이 초기 상태에 표시되는 이미지가 됩니다. 순서를 바꾼 뒤에는 ❶ 위치의 그림을 클릭해서 선택해야 적용됩니다.

▶ Stage 9 실시간 미세먼지 정보 알려주기

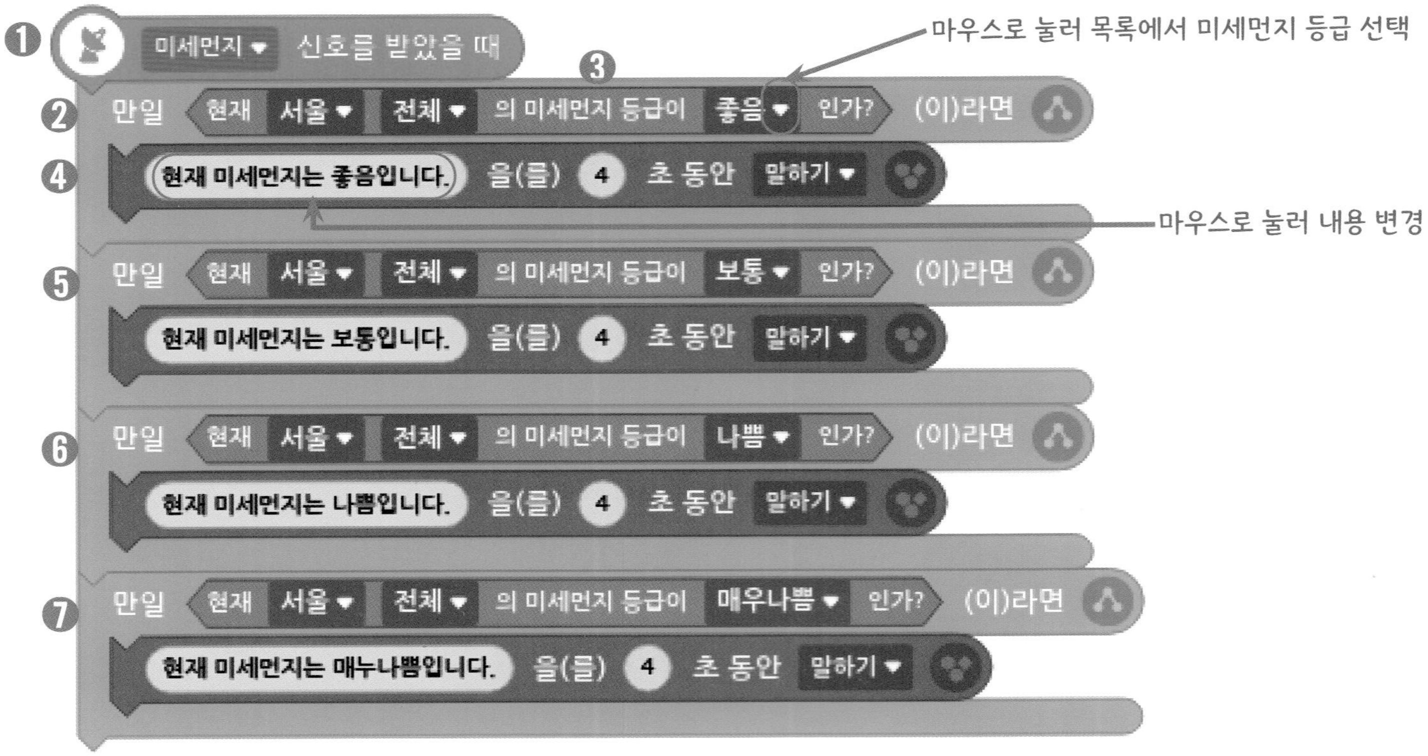
❶ 미세먼지 신호를 받았을 때
❷ 만일 현재 서울 전체 의 미세먼지 등급이 좋음 인가? (이)라면
❸
마우스로 눌러 목록에서 미세먼지 등급 선택
❹ 현재 미세먼지는 좋음입니다. 을(를) 4 초 동안 말하기
마우스로 눌러 내용 변경
❺ 만일 현재 서울 전체 의 미세먼지 등급이 보통 인가? (이)라면
현재 미세먼지는 보통입니다. 을(를) 4 초 동안 말하기
❻ 만일 현재 서울 전체 의 미세먼지 등급이 나쁨 인가? (이)라면
현재 미세먼지는 나쁨입니다. 을(를) 4 초 동안 말하기
❼ 만일 현재 서울 전체 의 미세먼지 등급이 매우나쁨 인가? (이)라면
현재 미세먼지는 매누나쁨입니다. 을(를) 4 초 동안 말하기

❶ 오브젝트 창에서 "소놀 AI 로봇"을 선택하고 코딩을 계속합니다. 블록 탭의 시작 카테고리에서 [창문 열림▾ 신호를 받았을 때] 블록을 끌어옵니다. [창문 열림▾]을 클릭하여 표시되는 목록 중 "미세먼지"를 선택합니다.

❷ 블록 탭에서 흐름 카테고리의 [만일 참 (이)라면] 블록을 끌어와 ❶의 블록 아래에 붙입니다.

❸ 확장 카테고리의 [현재 서울▾ 전체▾ 의 미세먼지 등급이 좋음▾ 인가?] 블록을 블록 조립소로 끌어와 ❷에서 조립한 블록의 [참] 위치에 결합합니다.

❹ 생김새 카테고리의 [안녕! 을(를) 4 초 동안 말하기▾] 블록을 마우스로 끌어와 [만일 참 (이)라면] 블록 내부에 조립합니다. [안녕!]을 마우스로 눌러 "현재 미세먼지는 좋음입니다."로 문장을 변경합니다.

❺ 완성된 ❷의 [만일 참 (이)라면] 블록을 마우스 왼쪽 버튼으로 눌러 선택하고 복사하기 / 붙여넣기 합니다. 붙여넣기된 결과를 ❷의 블록 아래에 붙이고 미세먼지 등급을 "보통"으로 변경하고, 말하기 글을 "현재 미세먼지는 보통입니다."로 변경합니다.

❻ ❺의 과정을 반복해서 미세먼지 등급 "나쁨" 블록을 만들어 그림과 같이 연결합니다.

❼ ❺의 과정을 반복해서 미세먼지 등급 "매우나쁨" 블록을 만들어 그림과 같이 연결합니다.

tips

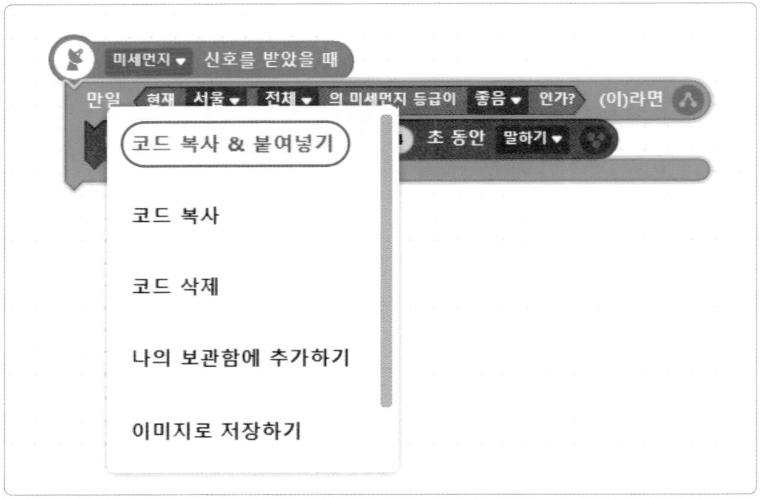

블록 조립소 영역에서 조립된 블록을 마우스 왼쪽 버튼으로 누르면 블록의 테두리가 노란색으로 바뀝니다.

이때 마우스 오른쪽 버튼을 누르면 메뉴가 표시되는데 이 중 "코드 복사 & 붙여넣기" 메뉴를 사용하면 반복하지 않고 편리하게 코딩할 수 있어요.

또는 블록의 테두리가 노란색으로 바뀐 상태에서 CTRL+C(복사하기) / CTRL+V(붙여넣기)를 눌러 메뉴를 사용할 때와 같은 작업을 할 수 있어요.

8 새로고침 버튼을 누르면 질문을 다시 시작할 수 있는 코딩을 합니다. 오브젝트 창에서 "새로고침' 오브젝트를 선택합니다.

9 블록 탭에서 시작 카테고리를 선택하고 [오브젝트를 클릭했을 때] 블록을 조립 영역으로 끌어 옵니다.

10 [장면 1 ▾ 시작하기] 블록을 조립 영역으로 끌어와 9의 블록에 조립합니다.

▶ Stage 10 미세먼지 정보에 따라 창문 열고 닫기

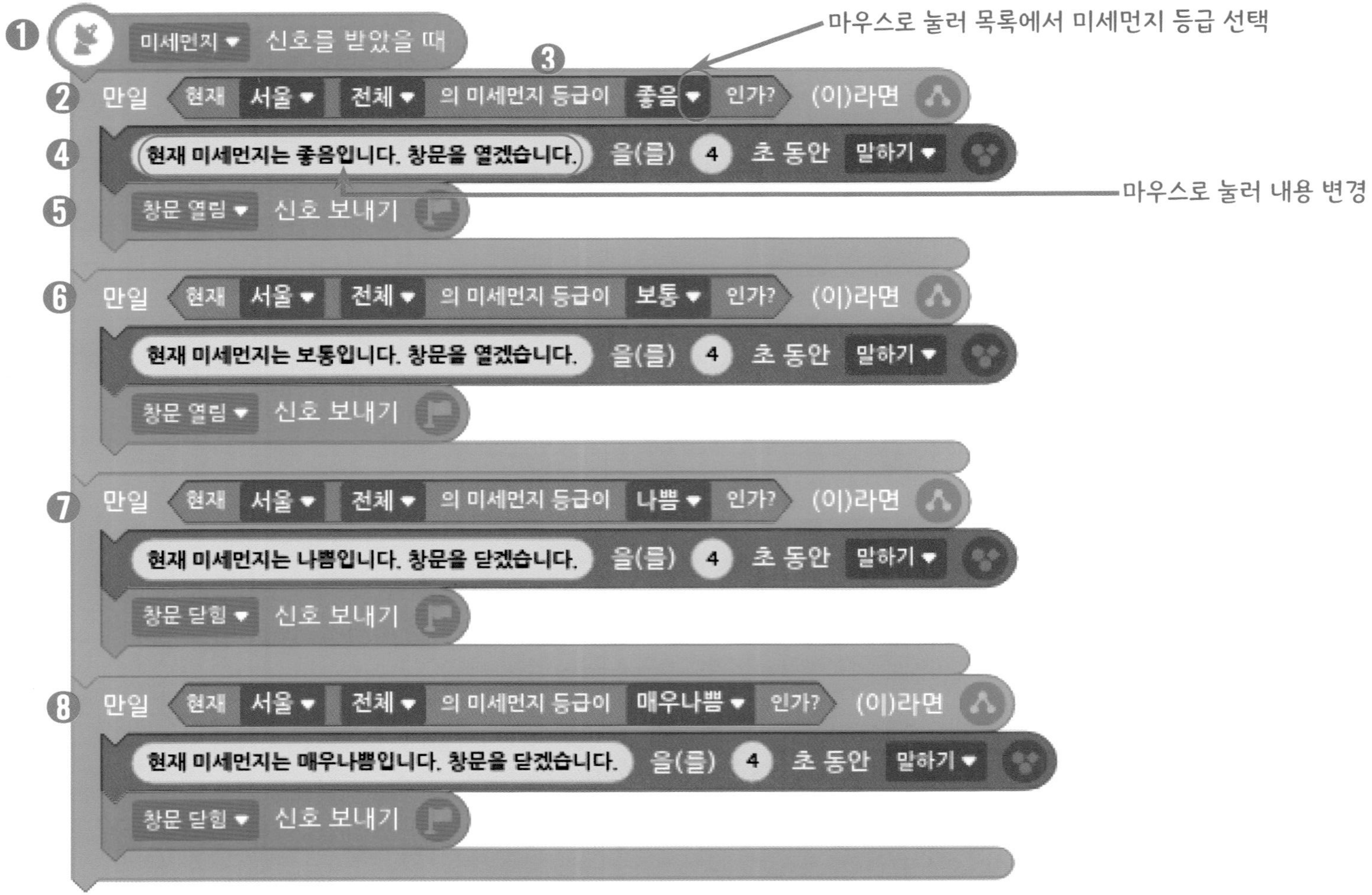

① 미세먼지 신호를 받았을 때
② 만일 현재 서울 전체 의 미세먼지 등급이 ③ 좋음 인가? (이)라면
④ 현재 미세먼지는 좋음입니다. 창문을 열겠습니다. 을(를) 4 초 동안 말하기
⑤ 창문 열림 신호 보내기
⑥ 만일 현재 서울 전체 의 미세먼지 등급이 보통 인가? (이)라면
현재 미세먼지는 보통입니다. 창문을 열겠습니다. 을(를) 4 초 동안 말하기
창문 열림 신호 보내기
⑦ 만일 현재 서울 전체 의 미세먼지 등급이 나쁨 인가? (이)라면
현재 미세먼지는 나쁨입니다. 창문을 닫겠습니다. 을(를) 4 초 동안 말하기
창문 닫힘 신호 보내기
⑧ 만일 현재 서울 전체 의 미세먼지 등급이 매우나쁨 인가? (이)라면
현재 미세먼지는 매우나쁨입니다. 창문을 닫겠습니다. 을(를) 4 초 동안 말하기
창문 닫힘 신호 보내기
마우스로 눌러 목록에서 미세먼지 등급 선택
마우스로 눌러 내용 변경

❶ 미세먼지 정보에 따라 창문을 열고 닫기 위해 에어컨 작동 원리와 같이 "소놀 AI 로봇" 오브젝트에 미세먼지 단계에 따라 '창문 열림' 또는 '창문 닫힘' 신호를 보내 창문을 열고 닫는 코딩을 합니다.

이 단계를 위해서 '창문 닫힘' 신호를 추가해야 합니다. 신호 추가는 Stage 6을 참고합니다.

오브젝트 창에서 "소놀 AI 로봇"을 선택하고 코딩을 계속합니다. [블록] 탭의 [시작] 카테고리에서 [창문 열림▾ 신호를 받았을 때] 블록을 끌어옵니다. [창문 열림▾]을 클릭하여 표시되는 목록 중 "미세먼지"를 선택합니다.

❷ [블록] 탭에서 [흐름] 카테고리의 [만일 참 (이)라면] 블록을 끌어와 ❶의 블록 아래에 붙입니다.

❸ [확장] 카테고리의 [현재 서울▾ 전체▾ 의 미세먼지 등급이 좋음▾ 인가?] 블록을 블록 조립소로 끌어와 ❷에서 조립한 블록의 [참] 위치에 결합합니다.

❹ [생김새] 카테고리의 [안녕! 을(를) 4 초 동안 말하기▾] 블록을 마우스로 끌어와 [만일 참 (이)라면] 블록 내부에 조립합니다. [안녕!]을 마우스로 눌러 "현재 미세먼지는 좋음입니다. 창문을 열겠습니다."로 문장을 변경합니다.

❺ [블록] 탭의 [시작] 카테고리에서 [창문 열림▾ 신호 보내기] 블록을 끌어와 ❹의 블록 아래에 결합합니다.

❻ 완성된 ❷의 [만일 참 (이)라면] 블록을 마우스 왼쪽 버튼으로 눌러 선택하고 복사하기 / 붙여넣기 합니다. 붙여넣기된 결과를 ❷의 블록 아래에 붙이고 미세먼지 등급을 "보통"으로 변경하고, 말하기 글을 "현재 미세먼지는 보통입니다. 창문을 열겠습니다."로 변경합니다.

❼ ❻의 과정을 반복해서 미세먼지 등급 "나쁨" 블록을 만들어 그림과 같이 연결합니다.

❽ ❼의 과정을 반복해서 미세먼지 등급 "매우나쁨" 블록을 만들어 그림과 같이 연결합니다.

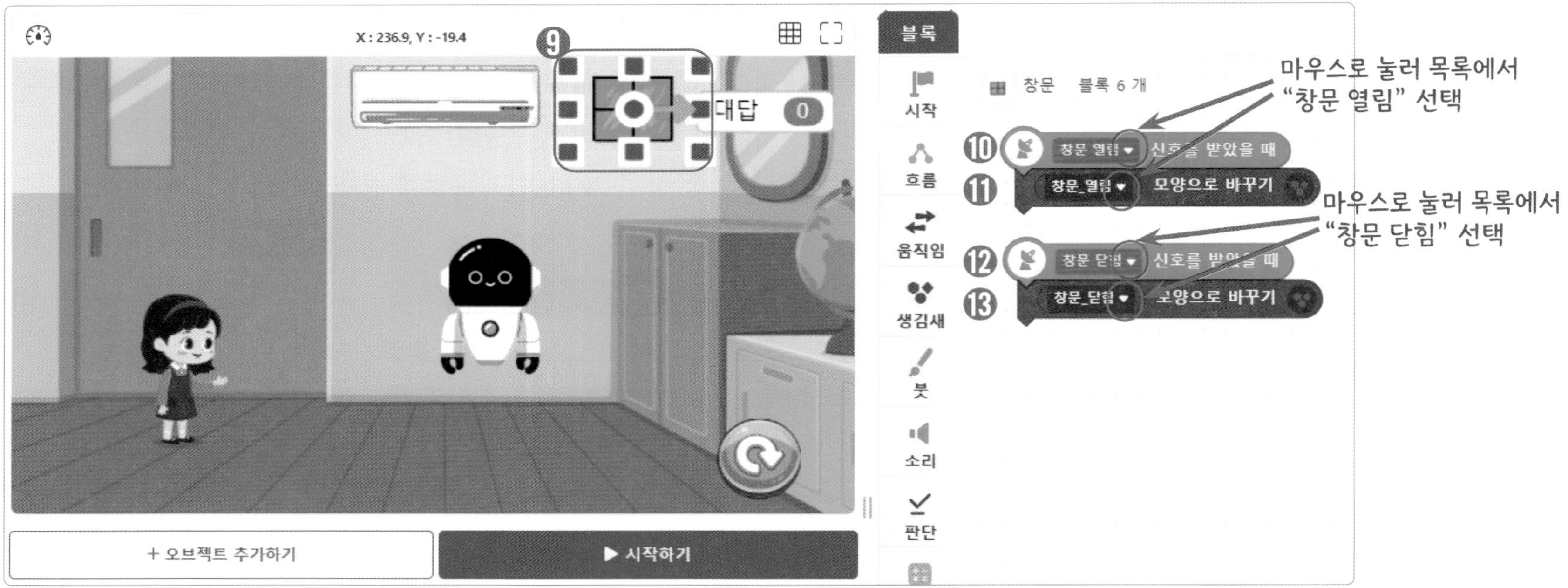

⑨ 창문을 열고 닫는 코딩을 위해 오브젝트 창에서 "창문" 오브젝트를 선택합니다.

⑩ 블록 탭에서 시작 카테고리를 선택하고 [창문 열림▼ 신호를 받았을 때] 블록을 조립 영역으로 끌어 옵니다.

⑪ 생김새 카테고리의 [창문_열림▼ 모양으로 바꾸기] 블록을 조립 영역으로 끌어와 ⑩의 블록에 조립하고 [창문_열림▼]을 마우스로 눌러 창문의 상태를 '창문 열림'으로 합니다.

⑫ ⑩의 과정을 반복해서 블록을 끌어와 조립하고, 창문 상태는 '창문 닫힘'으로 설정합니다.

⑬ ⑪의 과정을 반복해서 블록을 끌어와 조립하고, 창문 상태는 '창문 닫힘'으로 설정합니다.

코드를 점검해요

사용한 각 오브젝트에 대한 코드를 점검합니다.

★ 소놀 AI 로봇

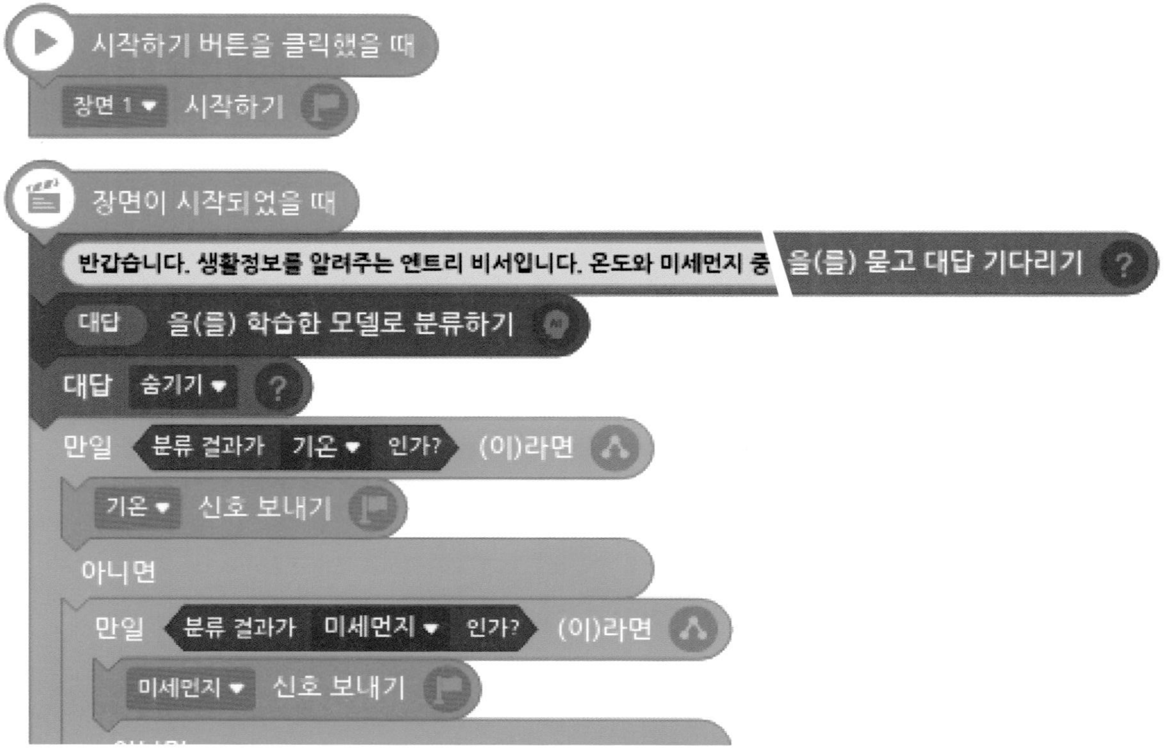
시작하기 버튼을 클릭했을 때
장면 1 시작하기
장면이 시작되었을 때
반갑습니다. 생활정보를 알려주는 엔트리 비서입니다. 온도와 미세먼지 중 을(를) 묻고 대답 기다리기
대답 을(를) 학습한 모델로 분류하기
대답 숨기기
만일 분류 결과가 기온 인가? (이)라면
기온 신호 보내기
아니면
만일 분류 결과가 미세먼지 인가? (이)라면
미세먼지 신호 보내기

아니면
인식하지 못했습니다. 원하는 정보를 다시 질문해 주세요. 을(를) 묻고 대답 기다리기
기온 신호를 받았을 때
현재 서울 기온은 과(와) 현재 서울 전체 의 기온(℃) 을(를) 합친 값 과(와) 4 초 동안 말하기
만일 현재 서울 전체 의 기온(℃) ≥ 0 (이)라면
24도 이상이므로 에어컨을 작동합니다. 을(를) 4 초 동안 말하기
에어컨 작동 신호 보내기
대답 숨기기
아니면
24도 이하이므로 에어컨을 작동하지 않습니다. 을(를) 4 초 동안 말하기
미세먼지 신호를 받았을 때
만일 현재 서울 전체 의 미세먼지 등급이 좋음 인가? (이)라면
현재 미세먼지는 좋음입니다. 을(를) 4 초 동안 말하기

만일 현재 서울 전체 의 미세먼지 등급이 보통 인가? (이)라면
현재 미세먼지는 보통입니다. 을(를) 4 초 동안 말하기
만일 현재 서울 전체 의 미세먼지 등급이 나쁨 인가? (이)라면
현재 미세먼지는 나쁨입니다. 을(를) 4 초 동안 말하기
만일 현재 서울 전체 의 미세먼지 등급이 매우나쁨 인가? (이)라면
현재 미세먼지는 매우나쁨입니다. 을(를) 4 초 동안 말하기
미세먼지 신호를 받았을 때
만일 현재 서울 전체 의 미세먼지 등급이 좋음 인가? (이)라면
현재 미세먼지는 좋음입니다. 창문을 열겠습니다. 을(를) 4 초 동안 말하기
창문 열림 신호 보내기
만일 현재 서울 전체 의 미세먼지 등급이 보통 인가? (이)라면
현재 미세먼지는 보통입니다. 창문을 열겠습니다. 을(를) 4 초 동안 말하기
창문 열림 신호 보내기

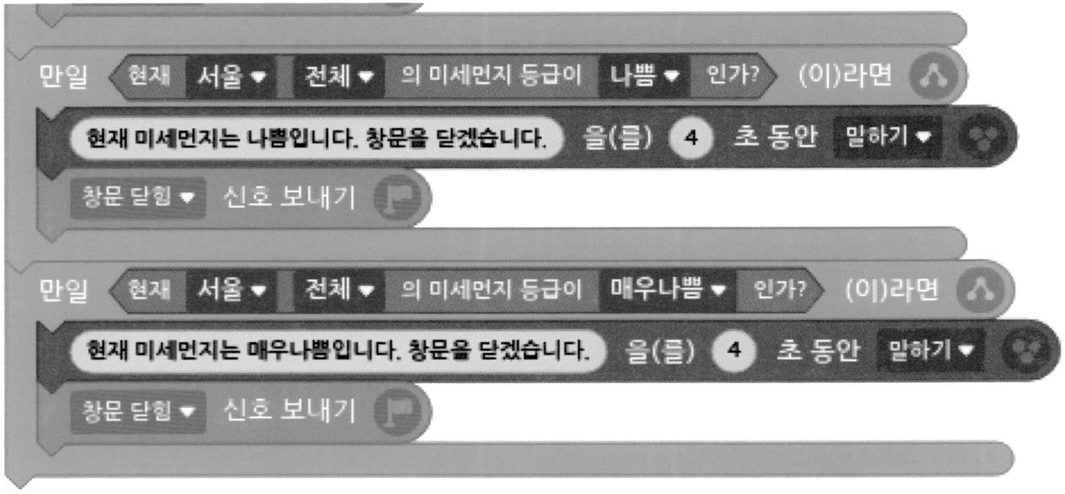
만일 현재 서울 전체 의 미세먼지 등급이 나쁨 인가? (이)라면
현재 미세먼지는 나쁨입니다. 창문을 닫겠습니다. 을(를) 4 초 동안 말하기
창문 닫힘 신호 보내기
만일 현재 서울 전체 의 미세먼지 등급이 매우나쁨 인가? (이)라면
현재 미세먼지는 매우나쁨입니다. 창문을 닫겠습니다. 을(를) 4 초 동안 말하기
창문 닫힘 신호 보내기

★ 창문

창문 열림 신호를 받았을 때
창문_열림 모양으로 바꾸기

창문 닫힘 신호를 받았을 때
창문_닫힘 모양으로 바꾸기

★ 에어컨

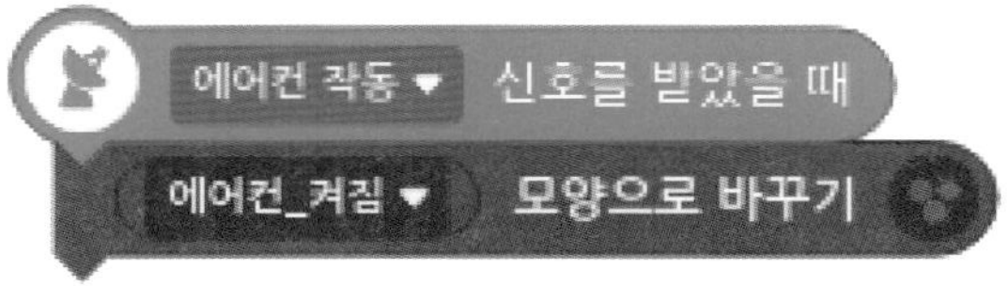
에어컨 작동 신호를 받았을 때
에어컨_켜짐 모양으로 바꾸기

★ 새로고침

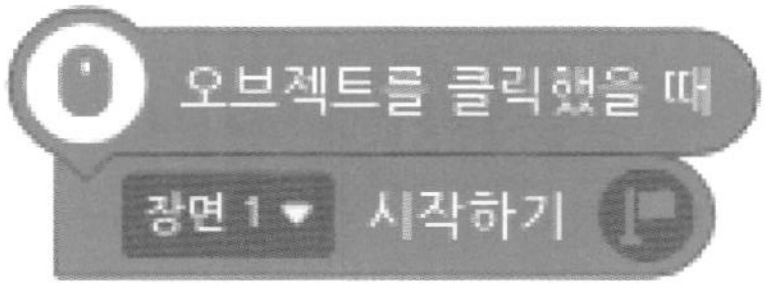
오브젝트를 클릭했을 때
장면 1 시작하기

7 AI처럼 생각해요! 생각하는 AI 전문가

◎ 챗봇이 가질 수 있는 부정적인 측면

챗봇은 실시간 대화를 처리하는 소프트웨어로, 인간과 대화하는 것처럼 프로그래밍된 답변을 제공합니다. 챗봇은 이제 많은 기업에서 고객 상담, 예약, 주문 등 여러 분야에서 사용되고 있습니다. 그러나 챗봇은 여러 가지 부정적인 측면도 가지고 있습니다.

첫째, 챗봇은 인간적인 감정을 이해하지 못하기 때문에, 인간과 대화하는 것처럼 자연스러운 대화를 제공하지는 못할 수 있습니다. 이로 인해 사용자들은 챗봇을 이용하는 것에 불안감을 느낄 수 있습니다. 혹은 챗봇에서 원하는 대답을 받지 못하면서 서비스의 신뢰성을 의심할 수도 있습니다.

둘째, 챗봇은 인간의 개입 없이 대화를 처리하기 때문에, 항상 정확하게 답변을 제공하지는 않을 수 있습니다. 이러한 문제는 주로 소프트웨어를 만드는 사람들이 데이터를 프로그래밍하는 과정에서 발생합니다. 챗봇이 대화에서 부적절한 답변을 제공하면 사용자들은 이에 대한 불만을 표시할 수 있습니다.

셋째, 인공지능 기반 챗봇은 언어의 문맥을 이해하지 못할 가능성이 있습니다. 그 결과, 사용자의 요청에 대해 원하는 대답을 받지 못할 수 있습니다. 예를 들어, 사용자가 "I love you"라는 문장을 입력했을 때, 이것이 단순한 인사말인지, 질문인지, 아니면 긍정적인 피드백인지를 구분하지 못할 수 있습니다.

마지막으로, 챗봇은 데이터에 기반을 둔 학습을 하기 때문에, 서로 다른 사용자들이 비슷한 질문을 하면, 반복적인 답변을 제공할 수 있습니다. 이러한 반복적인 답변은 사용자들이 지루하고 답답한 경험을 하도록 할 수 있습니다. 챗봇을 효과적으로 활용하기 위해서는, 사용자 경험을 최우선으로 고려하는 것이 중요합니다. 적절한 대화의 흐름, 감정을 이해하는 능력, 문맥을 이해하는 능력 등을 챗봇에 반영하여, 사용자들이 자연스러운 대화를 경험할 수 있도록 해야 합니다.

◎ 함께 생각해 보기

1 현재 많이 쓰이고 있는 챗봇은 무엇인가요?

2 챗봇은 어떤 문제점이 있을 수 있나요?

3 내가 챗봇을 만든다면 어떤 챗봇을 만들고 싶나요?

4 기분에 맞는 음식을 추천해 주는 챗봇을 만들어요

1 궁금해요 AI! # 자연어 처리 기술

자연어 처리(Natural Language Processing, NLP)는 컴퓨터가 우리가 평소에 사용하는 말을 이해하고, 그 말이 갖는 의미를 파악하는 기술입니다. 이 기술을 사용하면, 컴퓨터도 인간처럼 말을 할 수 있습니다. 이렇게 하면 컴퓨터와 우리가 대화할 수 있겠죠.

예를 들어, 외국어 공부를 할 때 번역기를 쓰는 걸 본 적이 있을 거예요. 번역기는 내가 모르는 내용을 다른 언어로 번역해주는 데, 그 과정에서 자연어 처리(NLP) 기술이 사용돼요. 이렇게 번역기는 한국어, 영어 등 다양한 언어를 처리하는 데 도움을 줍니다.

또, 핸드폰에서 "음악 틀어 줘"라고 말하면, 컴퓨터는 그 말을 인식하고, 음악을 틀어 주는 기능이 기억나지 않아요? 이렇게 인공지능 비서들도 자연어 처리(NLP) 기술을 사용하게 돼요.

하지만, 컴퓨터는 아직 우리와 완벽하게 대화하기 어려워요. 왜냐하면, 우리의 말에는 규칙도 있지만, 맥락과 감정 등 다양한 요소도 영향을 미치기 때문이죠. 그래서 연구자들이 계속해서 더 좋은 NLP 기술을 만들기 위해 노력 중이에요.

이렇게 한 걸음 한 걸음 연구해 나가면 언젠가는 컴퓨터와 인간이 함께 얘기하는 세상이 올 거예요. 그러면 컴퓨터가 우리의 일상생활에 더 큰 도움을 줄 수 있겠죠.

2 활용해요 AI! # 자연어 처리 기술의 활용

자연어 처리(Natural Language Processing, NLP) 기술은 일상생활에서 다음과 같은 방식으로 사용되고 있어요.

- ▶ 번역기 — 외국 친구와 소통할 때 번역기를 사용하곤 해요. 우리가 모르는 언어를 번역해주고, 우리의 말을 친구들이 이해할 수 있는 언어로 변환해주죠.
- ▶ 인공지능 비서 — 스마트폰의 인공지능 비서를 사용하면, "오늘 날씨 어때?"라고 물어보면 날씨를 알려주거나, "가까운 카페 찾아줘"라고 하면 주변 카페를 알려줍니다.
- ▶ 키워드 검색 — 인터넷에서 정보를 찾으려 할 때, 검색 상자에 관심사를 적으면 컴퓨터가 관련 정보를 분석해 보여줍니다. 이때 NLP 기술이 텍스트를 이해하고 필요한 정보를 찾아내는 역할을 해요.
- ▶ 감성 분석 — 영화를 보고 싶을 때 평점이나 리뷰를 참고해볼 수 있어요. NLP 기술을 통해 리뷰에서 긍정적인 부분과 부정적인 부분을 판별하게 돼요.

이처럼 자연어 처리 기술은 챗봇, 검색 엔진, 번역기 등 여러 가지 서비스에서 일상생활에 도움을 주고 있습니다.

3 체험해요 AI! # wrtn

뤼튼(wrtn; https://wrtn.ai)은 인공지능(AI) 언어 도우미로, 학생들에게도 유용한 기능을 제공합니다.

뤼튼의 특징과 사용법을 다음과 같습니다.

▶ 특징

- 효율적인 정보 검색: 뤼튼은 빠르게 다양한 정보를 찾아줍니다. 예를 들어, 과제나 프로젝트에 필요한 자료를 검색하거나, 관심 있는 주제에 대한 정보를 제공해줍니다.
- 다양한 분야의 지식 제공: 뤼튼은 학생이 관심 있을 수 있는 다양한 분야의 지식을 제공합니다. 전공 관련 질문이나 취업 정보, 새로운 기술 동향 등의 내용에 대해 도움을 줍니다.
- 소프트웨어 개발을 위한 조언: 프로그래밍 언어와 관련된 질문이나 개발 과정에서의 문제 해결, 또는 새로운 기술 스택에 관한 정보를 찾아줍니다.

▶ 사용법

❶ 먼저 연구, 학습 또는 호기심과 관련된 질문을 생각합니다.
예로 "통계학을 공부하는 방법"이나 "머신러닝의 최신 동향" 등이 있습니다.

❷ 뤼튼에게 질문을 전달합니다. 인공지능 언어 도우미인 뤼튼이 알고 있는 정보를 바탕으로 질문에 대한 답변을 해줍니다.

❸ 뤼튼의 답변에 대해 추가적인 질문을 하거나, 다른 주제로 전환할 수 있습니다. 예시로 “차세대 자동차 기술”이나 “글로벌 경제 환경” 등의 내용을 물어볼 수 있습니다.
전공과 관련된 토론, 새로운 시각을 구하거나, 기타 심층적인 질문을 뤼튼에게 던져보세요. 학생의 학문적 성장에 도움이 될 수 있는 논의를 활용할 수 있습니다.

뤼튼을 사용할 때는 반드시 선생님이나 부모님 또는 어른과 함께 사용하도록 합니다.

4 컴퓨팅 사고 능력을 길러요! | 알고리즘 설계

MEMO 인공지능 챗봇을 만들기 전에 전체 과정을 이해하면서 컴퓨팅 사고력을 길러야 해요!

◎ 목표 쏙쏙	텍스트 분류 모델 학습을 통해 감정을 파악하고 기분에 맞는 음식을 추천해 주는 챗봇을 만들어 봅니다.

음식 모양
안녕! 나는 음식 추천 챗봇이야.
대답 0

음식 모양
기쁠 때는 레몬을(를) 먹으면 기분이 좋아질거야!

◎ 컴퓨터 사고력 쏙쏙

알고리즘 설계

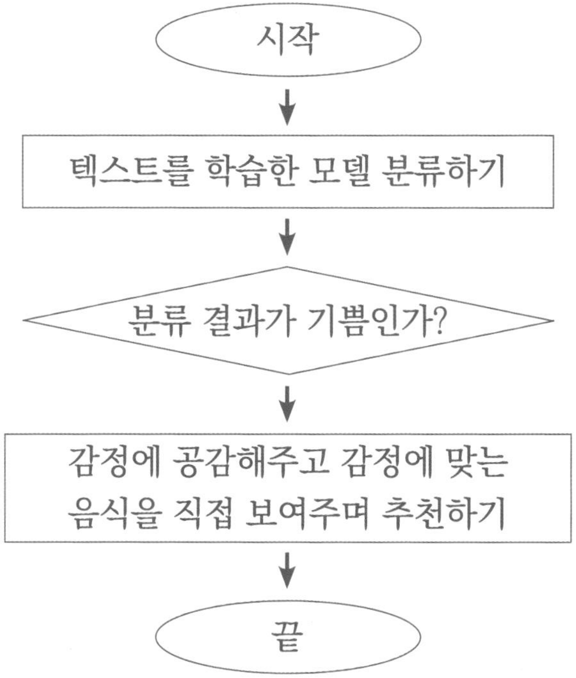

5 생각하며 따라해요! 내가 인공지능 개발자

▶ Stage 1 오브젝트 추가하기

❶ 엔트리를 시작하면 처음 나와 있는 오브젝트를 삭제합니다.

❷ + 오브젝트 추가하기 를 눌러 오브젝트를 추가할 준비를 합니다.

❸ ❹ ❺ [× 오브젝트 추가하기] 창의 오른쪽 윗 부분에 있는 검색 창에서 '교문'을 입력하여 검색합니다. 표시된 검색 결과에서 "교문"을 선택하고 [추가하기] 를 눌러 오브젝트를 추가합니다.

같은 방법으로 ❻ "소놀 AI 로봇", ❼ "소녀(5)", ❽ "새로고침 버튼"을 각각 검색하여 오브젝트를 추가하고 그림에서와 같이 적당한 위치에 배치합니다.

▶ Stage 2 학습할 인공지능 모델 선택하기

❶ 오른쪽 작업 영역에서 블록 탭을 선택합니다.

❷ 블록 카테고리에서 인공지능 을 눌러 선택합니다.

❸ 인공지능 학습, 즉 머신러닝을 위해 인공지능 모델 학습하기 를 클릭합니다.

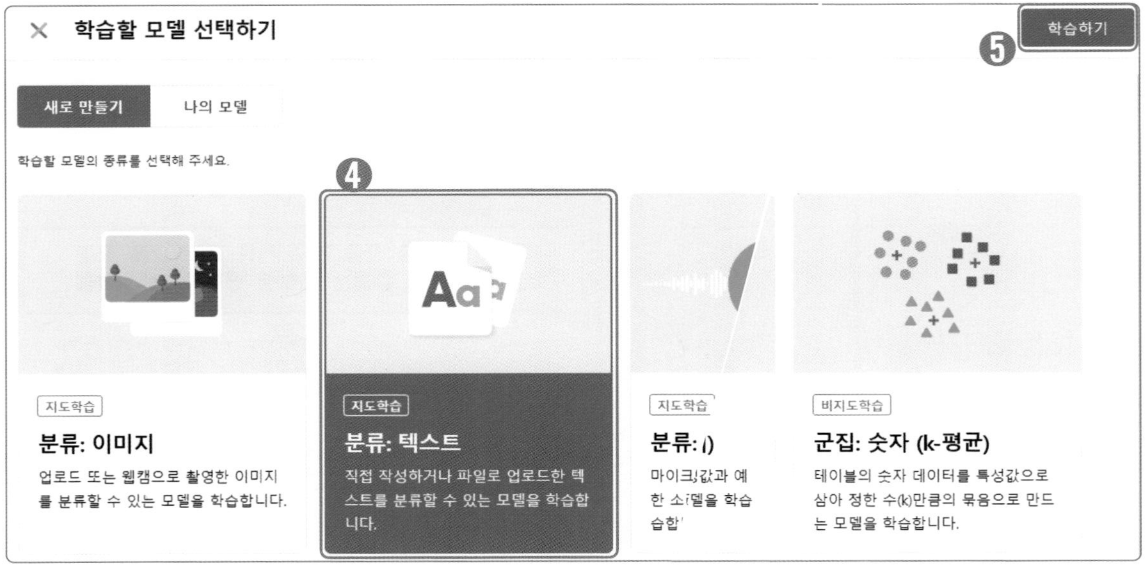
학습할 모델 선택하기
학습하기
새로 만들기
나의 모델
학습할 모델의 종류를 선택해 주세요.
지도학습
분류: 이미지
업로드 또는 웹캠으로 촬영한 이미지를 분류할 수 있는 모델을 학습합니다.
지도학습
분류: 텍스트
직접 작성하거나 파일로 업로드한 텍스트를 분류할 수 있는 모델을 학습합니다.
지도학습
비지도학습
군집: 숫자 (k-평균)
테이블의 숫자 데이터를 특성값으로 삼아 정한 수(k)만큼의 묶음으로 만드는 모델을 학습합니다.

❹ **학습할 모델 선택하기** 창에서 학습할 모델로 **분류: 텍스트**를 선택합니다.

❺ **학습할 모델 선택하기** 창의 오른쪽 위에 있는 학습하기를 클릭하여 학습을 시작합니다.

▶ Stage 3 텍스트 분류 모델 학습하기

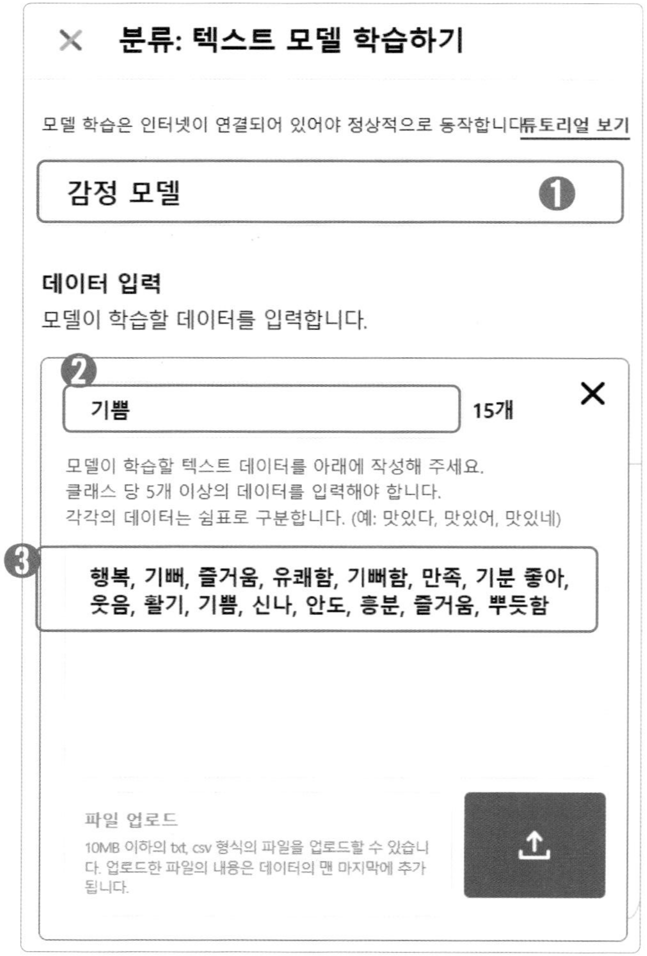
분류: 텍스트 모델 학습하기
모델 학습은 인터넷이 연결되어 있어야 정상적으로 동작합니다
튜토리얼 보기
감정 모델
1
데이터 입력
모델이 학습할 데이터를 입력합니다.
2
기쁨
15개
모델이 학습할 텍스트 데이터를 아래에 작성해 주세요.
클래스 당 5개 이상의 데이터를 입력해야 합니다.
각각의 데이터는 쉼표로 구분합니다. (예: 맛있다, 맛있어, 맛있네)
3
행복, 기뻐, 즐거움, 유쾌함, 기뻐함, 만족, 기분 좋아, 웃음, 활기, 기쁨, 신나, 안도, 흥분, 즐거움, 뿌듯함
파일 업로드
10MB 이하의 txt, csv 형식의 파일을 업로드할 수 있습니다. 업로드한 파일의 내용은 데이터의 맨 마지막에 추가됩니다.

❶ 학습하는 모델의 이름으로 "감정 모델"을 입력합니다.

❷ "클래스1"으로 표시된 곳에 "기쁨"을 입력합니다.

❸ 텍스트 데이터를 작성해 주세요. 영역을 클릭하여 "기쁨"에 대해 학습할 수 있는 데이터를 다음과 같이 입력합니다.

행복, 기뻐, 즐거움, 유쾌함, 기뻐함, 만족, 기분 좋아, 온웃음, 활기, 기쁨, 신나, 안도, 흥분, 즐거움, 뿌듯함

텍스트 모델이 학습할 데이터를 입력할 때는 단어 또는 문장 뒤에 쉼표(,)를 넣고 한 칸을 띄운 후에 다음 데이터를 입력해야 인식이 됩니다.

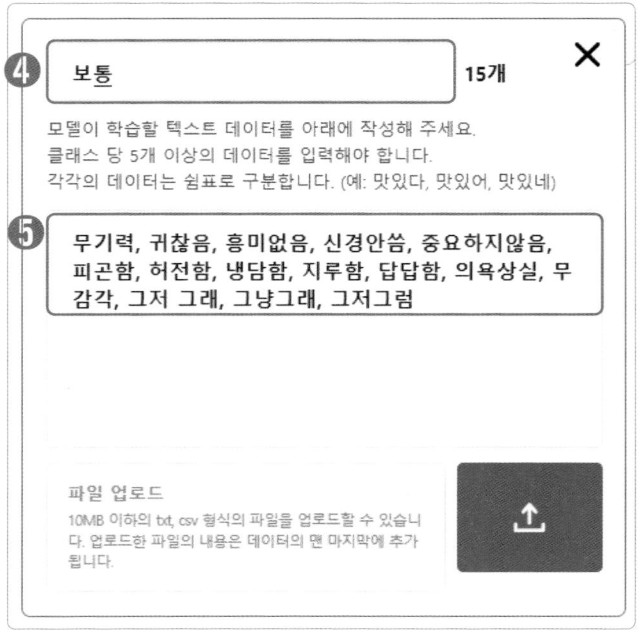
보통
15개
모델이 학습할 텍스트 데이터를 아래에 작성해 주세요.
클래스 당 5개 이상의 데이터를 입력해야 합니다.
각각의 데이터는 쉼표로 구분합니다. (예: 맛있다, 맛있어, 맛있네)
무기력, 귀찮음, 흥미없음, 신경안씀, 중요하지않음, 피곤함, 허전함, 냉담함, 지루함, 답답함, 의욕상실, 무감각, 그저 그래, 그냥그래, 그저그럼
파일 업로드
10MB 이하의 txt, csv 형식의 파일을 업로드할 수 있습니다. 업로드한 파일의 내용은 데이터의 맨 마지막에 추가됩니다.

❹ "클래스2"로 표시된 곳에 두 번째 학습할 데이터의 이름으로 "보통"을 입력합니다.

❺ 텍스트 데이터를 작성해 주세요. 영역을 클릭하여 "보통"에 대해 학습할 수 있는 데이터를 다음과 같이 입력합니다.

무기력, 귀찮음, 흥미없음, 신경안씀, 중요하지않음, 피곤함, 허전함, 냉담함, 지루함, 답답함, 의욕상실, 무감각, 그저 그래, 그냥그래, 그저그럼

❻ + 클래스 추가하기 를 클릭하면 또 다른 종류(클래스)의 데이터를 입력할 수 있습니다.

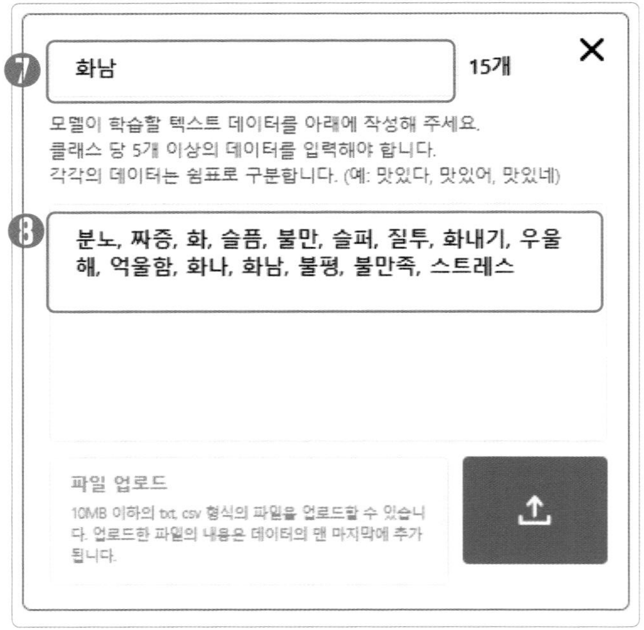

7
화남
15개
모델이 학습할 텍스트 데이터를 아래에 작성해 주세요.
클래스 당 5개 이상의 데이터를 입력해야 합니다.
각각의 데이터는 쉼표로 구분합니다. (예: 맛있다, 맛있어, 맛있네)
8
분노, 짜증, 화, 슬픔, 불만, 슬퍼, 질투, 화내기, 우울해, 억울함, 화나, 화남, 불평, 불만족, 스트레스
파일 업로드
10MB 이하의 txt, csv 형식의 파일을 업로드할 수 있습니다. 업로드한 파일의 내용은 데이터의 맨 마지막에 추가됩니다.

7 "클래스3"으로 표시된 곳에 두 번째 학습할 데이터의 이름으로 "화남"을 입력합니다.

8 텍스트 데이터를 작성해 주세요. 영역을 클릭하여 "화남"에 대해 학습할 수 있는 데이터를 다음과 같이 입력합니다.

분노, 짜증, 화, 슬픔, 불만, 슬퍼, 질투, 화내기, 우울해, 억울함, 화나, 화남, 불평, 불만족, 스트레스

tips 더 많은 데이터를 학습할수록, 더 정확한 단어를 학습할수록 더 확률이 높은 인공지능 챗봇이 됩니다. 단어나 문장을 더 많이 입력하거나 검색한 내용을 입력해서 학습시킬 수 있습니다. 여러분이 직접 단어를 바꿔서 학습시켜 보세요!

분류: 텍스트 모델 학습하기
데이터 입력
모델이 학습할 데이터를 입력합니다.
기쁨
15개
모델이 학습할 텍스트 데이터를 아래에 작성해 주세요.
클래스 당 5개 이상의 데이터를 입력해야 합니다.
각각의 데이터는 쉼표로 구분합니다. (예: 맛있다, 맛있어, 맛있네)
행복, 기뻐, 즐거움, 유쾌함, 기뻐함, 만족, 기분 좋아, 웃음, 활기, 기쁨, 신나, 안도, 흥분, 즐거움, 뿌듯함
학습
입력한 데이터로 모델을 학습합니다.
9
모델 학습하기
모델 학습을 완료했습니다.
100%
결과
학습한 모델의 결과를 확인합니다.
10
입력하기
분류한 클래스
테스트 데이터를 입력하고
결과 확인하기를 눌러주세요.

⑨ [분류: 텍스트 모델 학습하기] 창 가운데 위치한 [모델 학습하기] 버튼을 눌러 인공지능의 기계학습을 시작합니다.

⑩ 학습한 내용을 확인하기 위해 질문을 입력하고 [입력하기] 버튼을 클릭하면 결과를 확인할 수 있습니다.

⑪ 학습 결과를 확인했으면, [분류: 텍스트 모델 학습하기] 창의 오른쪽 위에 위치한 [적용하기] 버튼을 눌러 학습을 완료합니다.

▶ Stage 4 음식을 추천해 주는 챗봇이라고 말하기

❶ 새로고침 오브젝트를 클릭하면 '장면 1'로 돌아와서 다시 질문할 수 있는 코딩을 합니다. 오브젝트 창에서 "새로고침" 오브젝트를 클릭하고 코딩을 시작합니다.

❷ 블록 탭에서 시작 카테고리를 선택합니다.

❸ [오브젝트를 클릭했을 때] 블록을 마우스로 끌어서 블록 조립 영역에 놓습니다.

❹ [장면 1 ▾ 시작하기] 블록을 ❸의 블록에 결합합니다.

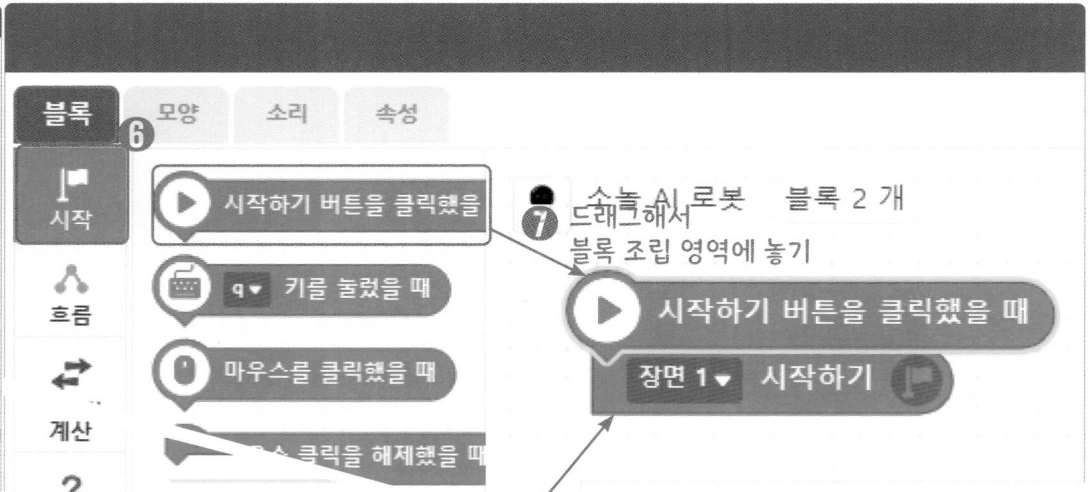

5 "소놀 AI 로봇" 오브젝트를 클릭하고 코딩을 시작합니다.

6 블록 탭에서 시작 카테고리를 선택합니다.

7 시작하기 버튼을 클릭했을 때 블록을 마우스로 끌어서 블록 조립 영역에 놓습니다.

8 장면 1 시작하기 블록을 3의 블록에 결합합니다.

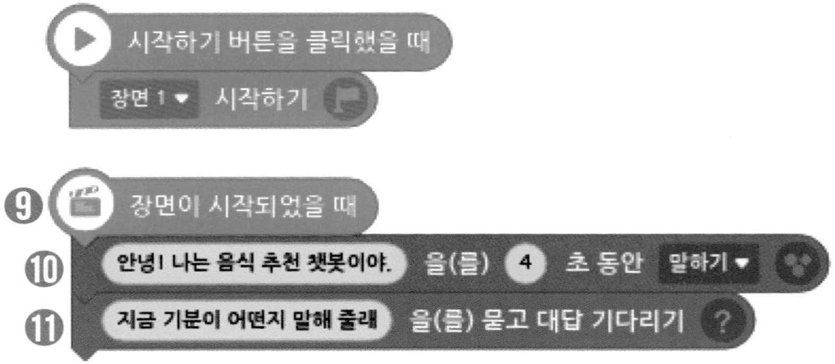
시작하기 버튼을 클릭했을 때
장면 1 시작하기
9
장면이 시작되었을 때
10
안녕! 나는 음식 추천 챗봇이야. 을(를) 4 초 동안 말하기
11
지금 기분이 어떤지 말해 줄래 을(를) 묻고 대답 기다리기

9 [장면이 시작되었을 때] 블록을 끌어 블록 조립 영역에 놓습니다.

10 [블록] 탭에서 [생김새] 카테고리의 [안녕! 을(를) 4 초 동안 말하기] 블록을 마우스로 끌어와 9의 블록에 붙이고 [안녕!]을 마우스로 눌러 "안녕! 나는 음식 추천 챗봇이야."로 입력해서 문장을 변경합니다.

11 [블록] 탭에서 [자료] 카테고리를 선택하고, [안녕! 을(를) 묻고 대답 기다리기] 블록을 끌어 10의 블록에 결합하고 [안녕!]을 마우스로 눌러 "지금 기분이 어떤지 말해 줄래"로 입력해서 문장을 변경합니다.

▶ Stage 5 인공지능 분류 모델 학습 블록 사용하기

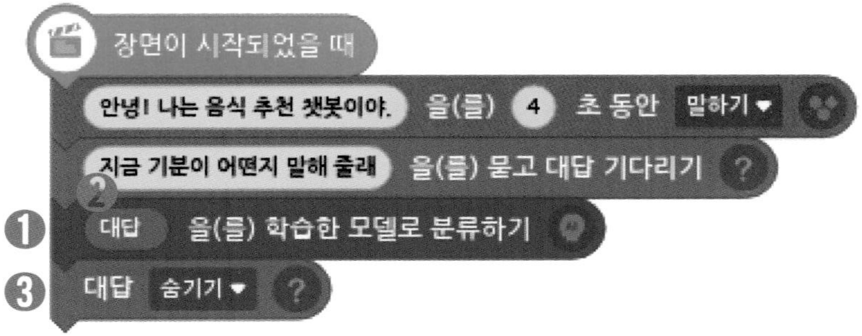
장면이 시작되었을 때
안녕! 나는 음식 추천 챗봇이야. 을(를) 4 초 동안 말하기
지금 기분이 어떤지 말해 줄래 을(를) 묻고 대답 기다리기
① 대답 을(를) 학습한 모델로 분류하기
③ 대답 숨기기
②

① 블록 탭에서 인공지능 카테고리의 엔트리 을(를) 학습한 모델로 분류하기 블록을 끌어서 Stage 4의 ⑪ 블록에 붙입니다.

② 블록 탭에서 자료 카테고리의 대답 블록을 마우스로 끌어 ①에서 추가한 블록의 엔트리 위치에 놓아 그림과 같이 인공지능 블록을 변경합니다.

③ 자료 카테고리의 대답 숨기기 블록을 마우스로 끌어 ①의 블록에 붙입니다.

▶ Stage 6　인공지능 분류 결과에 따라 장면 만들기

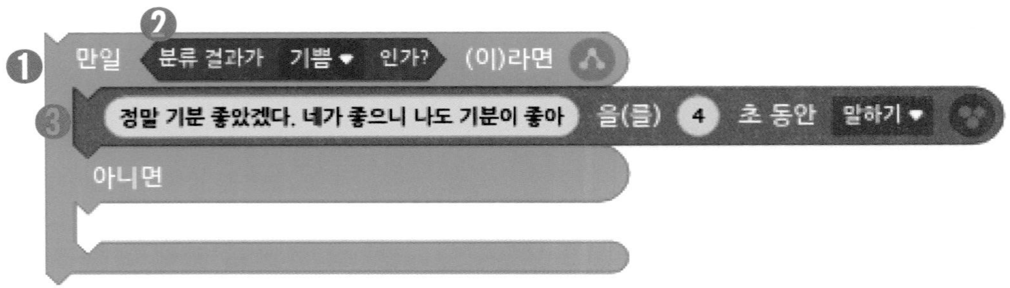
❶
❷
❸
만일
분류 결과가
기쁨
인가?
(이)라면
정말 기분 좋았겠다. 네가 좋으니 나도 기분이 좋아
을(를)
4
초 동안
말하기
아니면

❶ 블록 탭에서 흐름 카테고리의 만일 참 (이)라면 아니면 블록을 마우스로 끌어와 조립 영역에서 Stage 5의 ❸ 블록에 붙입니다.

❷ 블록 탭에서 인공지능 카테고리의 분류 결과가 기쁨▾ 인가? 블록을 끌어와 ❶의 블록에서 참 위치에 놓습니다.

❸ 블록 탭에서 생김새 카테고리의 안녕! 을(를) 4 초 동안 말하기▾ 블록을 마우스로 끌어와 그림에서와 같이 ❶의 블록 내부에 끼워넣어 연결하고, 안녕! 을 마우스로 눌러 "정말 기분 좋았겠다. 네가 좋으니 나도 기분이 좋아"로 입력해서 문장을 변경합니다.

❶ 장면이 바뀌면서 감정에 따른 음식을 추천해 주며 보여줄 수 있도록 장면을 추가합니다. 새로운 장면을 추가할 때는 장면 이름 오른쪽에 있는 + 버튼을 누르지만, 오브젝트를 유지하면서 장면을 전환하기 위해서 현재 장면을 복제할 수 있습니다.

❷ 장면 제목인 '장면 1' 에 마우스를 올리고, 마우스 오른쪽 버튼을 눌러 표시되는 '복제하기'를 누릅니다.

❸ 복제된 장면 제목을 마우스로 눌러 장면 제목을 "기쁨"으로 바꿉니다.

장면 1
기쁨
보통
화남
4
X : -3.1, Y : 10.1
대답 0

❹ 앞의 과정을 반복하여 '장면 1'을 두 번 더 복제해서 복제된 장면의 이름을 그림에서와 같이 "보통"과 "화남"으로 바꿉니다.

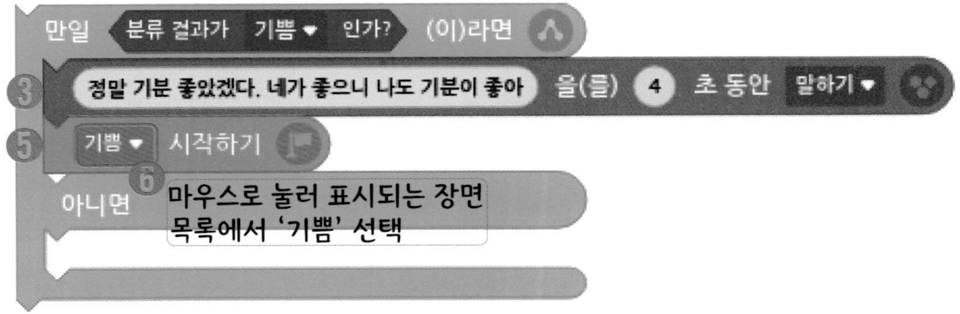
만일 분류 결과가 기쁨 인가? (이)라면
3 정말 기분 좋았겠다. 네가 좋으니 나도 기분이 좋아 을(를) 4 초 동안 말하기
5 기쁨 시작하기
6 마우스로 눌러 표시되는 장면 목록에서 '기쁨' 선택
아니면

❺ 블록 탭의 시작 카테고리 장면 1 시작하기 블록을 끌어와 ❸의 블록 아래에 결합합니다.

❻ ❺에서 결합한 블록의 장면 1 을 클릭해서 표시되는 장면 목록 중 "기쁨"을 선택합니다.

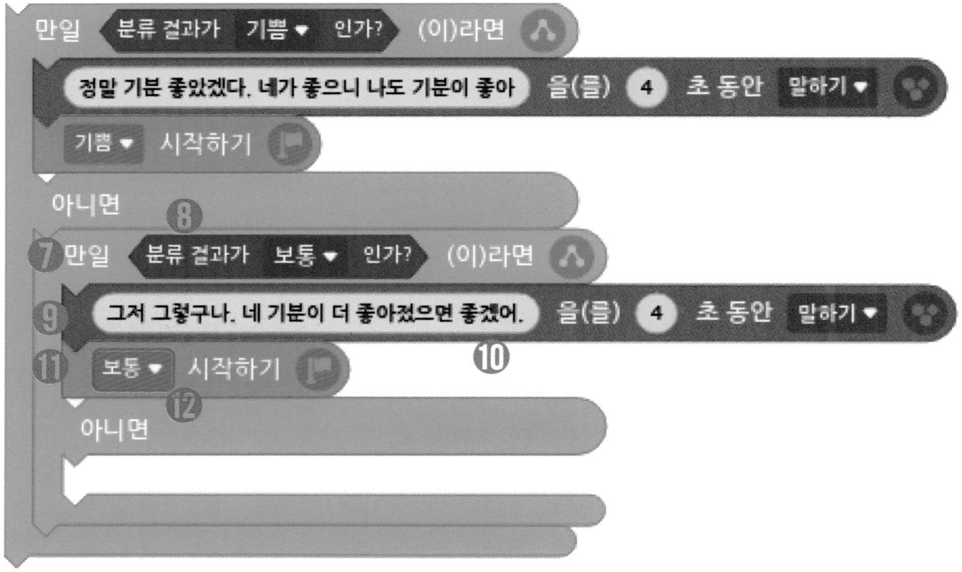

만일 분류 결과가 기쁨 인가? (이)라면
정말 기분 좋았겠다. 네가 좋으니 나도 기분이 좋아 을(를) 4 초 동안 말하기
기쁨 시작하기
아니면
8
7 만일 분류 결과가 보통 인가? (이)라면
9 그저 그렇구나. 네 기분이 더 좋아졌으면 좋겠어. 을(를) 4 초 동안 말하기
10
11 보통 시작하기
12
아니면

7 블록 탭에서 흐름 카테고리의 만일 참 (이)라면 아니면 블록을 마우스로 끌어와 조립 영역에서 1 블록의 아니면 영역에 그림과 같이 끼워 넣습니다.

8 인공지능 카테고리의 분류 결과가 기쁨 인가? 블록을 끌어와 7의 블록에서 참 위치에 놓고, 기쁨 을 마우스로 눌러 표시 되는 목록 중 "보통"을 선택합니다.

9 생김새 카테고리의 안녕! 을(를) 4 초 동안 말하기 블록을 마우스로 끌어와 그림에서와 같이 7의 블록 내부에 끼워넣어 연결합니다.

10 안녕! 을 마우스로 눌러 "그저 그렇구나. 네 기분이 더 좋아졌으면 좋겠어"로 입력해서 문장을 변경합니다.

11 시작 카테고리 장면 1 시작하기 블록을 끌어와 9의 블록 아래에 결합합니다.

12 11에서 결합한 블록의 장면 1 을 클릭해서 표시되는 장면 목록 중 "보통"을 선택합니다.

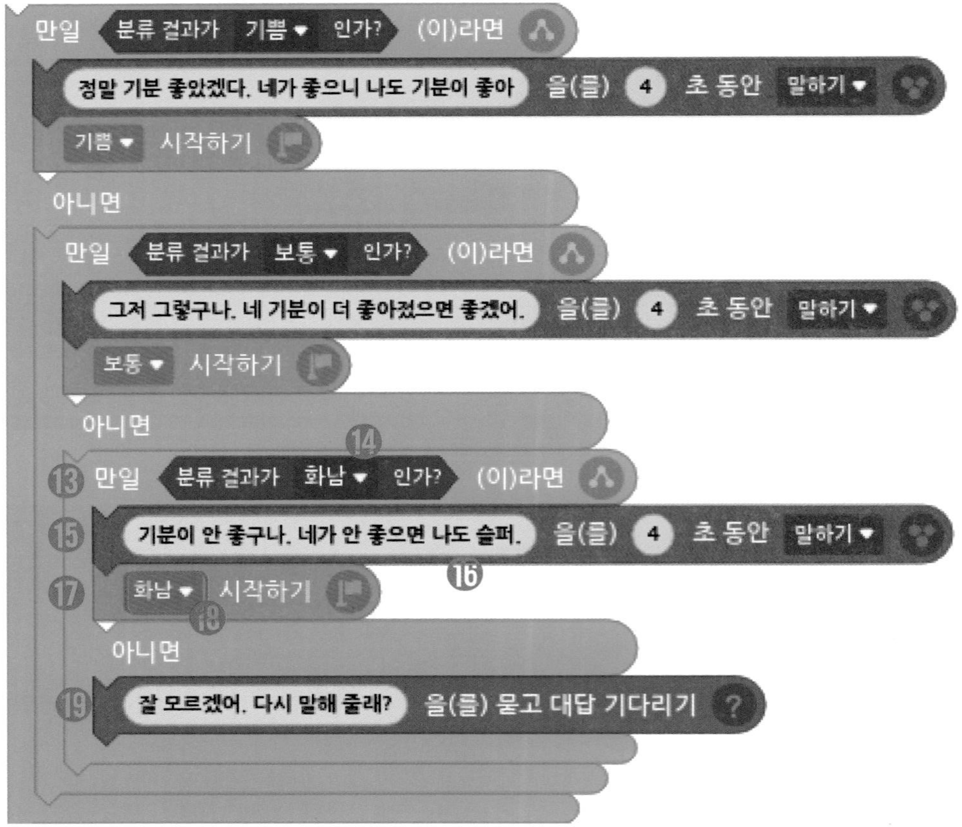
만일 분류 결과가 기쁨 인가? (이)라면
정말 기분 좋았겠다. 네가 좋으니 나도 기분이 좋아 을(를) 4 초 동안 말하기
기쁨 시작하기
아니면
만일 분류 결과가 보통 인가? (이)라면
그저 그렇구나. 네 기분이 더 좋아졌으면 좋겠어. 을(를) 4 초 동안 말하기
보통 시작하기
아니면
14
13 만일 분류 결과가 화남 인가? (이)라면
15 기분이 안 좋구나. 네가 안 좋으면 나도 슬퍼. 을(를) 4 초 동안 말하기
16
17 화남 시작하기
18
아니면
19 잘 모르겠어. 다시 말해 줄래? 을(를) 묻고 대답 기다리기

⑬⑭⑮⑯⑰⑱

⑦~⑫의 과정을 반복해서 "화남"에 대한 블록을 생성합니다.

⑲ 자료 카테고리를 선택하고, 안녕! 을(를) 묻고 대답 기다리기 블록을 끌어와 마지막 아니면 블록에 끼워넣고 안녕!을 마우스로 눌러 그림에서와 같이 "잘 모르겠어. 다시 말해줄래?"로 문장을 변경하고, '장면 1'의 코딩을 마무리 합니다.

▶ Stage 7 기쁜 감정에 공감하고 감정에 맞는 음식 추천하기(1)

❶ 장면 목록에서 "기쁨" 장면을 클릭하여 선택하고 "기쁨" 장면에서 코딩을 시작합니다.

❷ 챗봇이 추천해 줄 음식으로 세 가지 정도 정하려고 합니다. + 오브젝트 추가하기 버튼을 클릭합니다.

❸ ✕ **오브젝트 추가하기** 창의 왼쪽 목록에서 음식 을 선택합니다.

❹ 표시된 음식 목록에서 기쁠 때 먹으면 더 기분이 좋을 것 같은 음식으로 “딸기” 선택합니다.

❺ 음식을 선택했으면 ✕ **오브젝트 추가하기** 창의 오른쪽 위에 있는 추가하기 버튼을 눌러 선택한 음식 오브젝트를 장면에 추가합니다.

❻ 오브젝트 창에서 "딸기" 오브젝트를 마우스로 클릭해서 선택합니다.

❼ 오브젝트 창 아래에 표시된 오브젝트 목록에서 "딸기" 오브젝트의 이름을 "음식"으로 변경합니다.

❽ 딸기 이미지 왼쪽에 있는 (열린 자물쇠 아이콘)을 클릭해서 (잠긴 자물쇠 아이콘)으로 변경합니다. 자물쇠를 잠그면 이름을 변경할 수 없습니다. 다시 이름을 변경하려면 자물쇠부터 열고 이름을 바꾸어야 해요.

⑩ 오브젝트 창에서 "딸기" 오브젝트를 마우스로 클릭해서 선택합니다.

⑪ 추천하고 싶은 음식을 추가하기 위해서 모양 탭을 클릭하고, 탭 아래에 표시되는 모양 추가하기 버튼을 클릭합니다. 모양 추가하기 창이 열립니다.

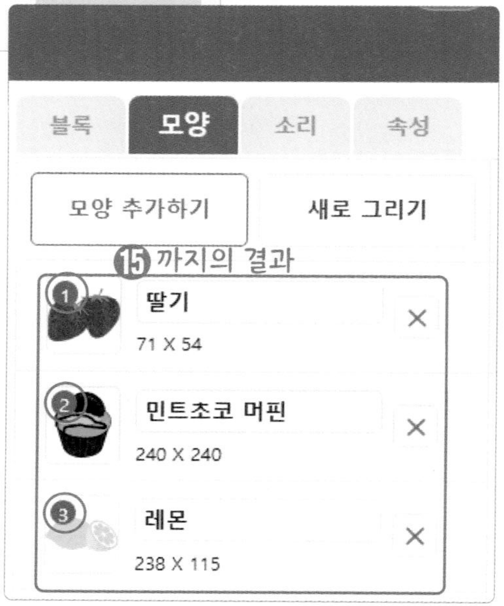

⑫ 모양 추가하기 창의 검색 창에서 "레몬"을 입력하고 검색합니다.

⑬ 레몬 모양의 검색 결과에서 "레몬(2)_1" 모양을 선택합니다.

⑭ 추가하기 버튼을 클릭해서 선택한 모양을 추가합니다.

⑮ ⑫~⑭의 과정을 반복하여"민트초코 머핀" 모양을 추가해서 추천하고 싶은 음식의 모양을 3가지로 만들고, 챗봇이 음식의 이름을 정확하게 말할 수 있도록 음식의 이름을 그림에서와 같이 변경(예: "딸기_1" → "딸기")합니다. 마지막으로 각 음식 모양에 붙은 번호(❶❷❸)를 확인합니다.

▶ Stage 8 음식 추천을 위한 변수와 신호 만들기

❶ 음식 모양의 번호를 저장할 수 있는 변수가 필요합니다. 오브젝트 창에 표시되어 있는 음식을 선택합니다.

❷ 속성 탭을 선택합니다.

❸ ? 변수 버튼을 클릭하고, 아래에 표시되는 ❹ 변수 추가하기 버튼을 클릭합니다.

❺ 변수의 이름을 그림에서와 같이 "음식 모양 번호"로 입력합니다.

❻ 변수 추가 버튼을 클릭합니다.

⑦ 음식 모양이 변화될 수 있도록 신호를 주어야 합니다. 오브젝트 창에 표시되어 있는 음식을 선택합니다.

⑧ 속성 탭을 선택하여 버튼 목록에서 ⑨ 신호 버튼을 클릭합니다. 이어서 버튼 목록 아래에 표시되는 ⑩ 신호 추가하기 버튼을 클릭합니다.

⑪ 신호의 이름을 그림에서와 같이 "음식 모양 바꾸기"로 입력하고, ⑫ 신호 추가 버튼을 클릭합니다.

▶ Stage 9　기쁜 감정에 공감하고 감정에 맞는 음식 추천하기(2)

❶ "기쁨" 장면에 대한 코딩을 위해서 장면 목록에서 "기쁨" 장면을 선택합니다.

❷ 장면에 있는 오브젝트 중 "소놀 AI 로봇"을 선택합니다. 복제한 장면에 있는 코딩 내용은 필요 없기 때문에 기존에 있던 블록은 모두 삭제하고, **시작** 카테고리의 (장면이 시작되었을 때) 블록을 블록 조립 영역으로 끌어 옵니다.

장면이 시작되었을 때
음식 모양 번호 를 1 부터 3 사이의 무작위 수 (으)로 정하기
음식 모양 바꾸기 신호 보내고 기다리기

⑧까지의 결과

기쁠때는 과(와) 음식 의 모양 이름 을(를) 합친 값

⑥ 계산 카테고리에서 (안녕! 과(와) 엔트리 을(를) 합친 값) 블록을 가져옵니다. 안녕! 을 마우스로 눌러 "기쁠 때는"으로 문장을 변경합니다.

⑦ 계산 카테고리에서 (음식 의 x 좌푯값) 블록을 가져와 x 좌푯값 을 눌러 표시되는 목록에서 "모양 이름"을 선택합니다.

⑧ ⑦의 블록을 ⑥의 엔트리 위치에 끼워 넣습니다.

③ 자료 카테고리에서 (음식 모양 번호 를 10 (으)로 정하기) 블록을 가져옵니다.

④ 계산 카테고리에서 (0 부터 10 사이의 무작위 수) 블록을 가져와 앞뒤의 숫자를 1과 3으로 변경합니다. 음식 모양 번호가 1~3이기 때문입니다. 숫자를 변경하고 ④의 블록을 ③의 블록에서 10 위치에 끼워 넣어 블록을 조립합니다.

⑤ 시작 카테고리에서 (음식 모양 바꾸기 신호 보내고 기다리기) 블록을 가져와 ③의 블록에 결합합니다.

8
10
9
기쁠때는 과(와) 음식 의 모양 이름 을(를) 합친 값 과(와) 을(를) 먹으면 기분이 더 좋아질거야. 을(를) 합친 값
안녕! 위치에 끼워 넣기
11
기쁠때는 과(와) 음식 의 모양 이름 을(를) 합친 값 과(와) 을(를) 먹으면 기부이 더 좋아질거야 을(를) 합친 값 을(를) 4 초 동안 말하기

⑨ 계산 카테고리에서 (안녕! 과(와) 엔트리 을(를) 합친 값) 블록을 하나 더 가져옵니다. ⑧의 블록을 (안녕!) 위치에 끼워 넣기 합니다.

⑩ ⑨의 블록에서 (엔트리) 위치를 마우스로 눌러 "을(를) 먹으면 기분이 더 좋아질거야!"로 문장을 변경합니다.

⑪ 생김새 카테고리의 (안녕! 을(를) 4 초 동안 말하기) 블록을 가져옵니다. ⑨와 ⑩에서 만들어진 블록을 ⑪ 블록의 (안녕!) 위치에 끼워 넣습니다.

⑫ ⑪의 결과 블록을 ⑤의 블록 아래에 결합하고, 다음 그림을 참고하여 ⑫까지의 결과를 확인합니다.

시작하기 버튼을 클릭했을 때
음식 모양 번호 를 1 부터 3 사이의 무작위 수 (으)로 정하기
음식 모양 바꾸기 신호 보내고 기다리기
기쁠때는 과(와) 음식 의 모양 이름 을(를) 합친 값 과(와) 을(를) 먹으면 기부이 더 좋아질거야 을(를) 합친 값 을(를) 4 초 동안 말하기

▶ Stage 10 기쁜 감정에 공감하고 감정에 맞는 음식 추천하기(3)

❶ 음식 오브젝트가 신호를 받으면 음식의 모양이 나타나도록 음식 오브젝트에 코딩을 하기 위해 장면에서 음식 오브젝트를 선택합니다.

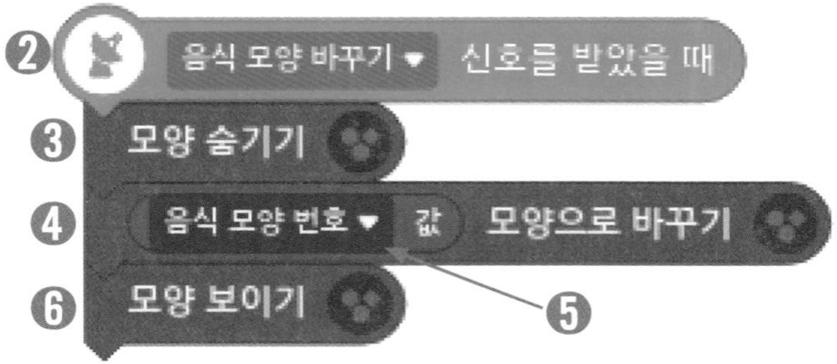

❷ 시작 카테고리에서 [음식 모양 바꾸기 신호를 받았을 때] 블록을 조립 영역으로 가져옵니다.

❸ 생김새 카테고리의 [모양 숨기기] 블록을 가져와 앞의 블록에 붙입니다.

❹ 생김새 카테고리의 [딸기 모양으로 바꾸기] 블록을 가져와 ❸의 블록에 붙입니다.

❺ 자료 카테고리에서 [음식 모양 번호 값] 블록을 가져와 ❹의 블록에서 [딸기] 위치에 끼워넣기 합니다.

❻ 생김새 카테고리의 [모양 보이기] 블록을 가져와 ❺의 블록에 붙입니다. “장면1”을 선택하고 [▶ 시작하기] 버튼을 눌러 결과를 확인합니다.

❶ '보통' 장면과 '화남' 장면도 '기쁨' 장면과 코드가 거의 같습니다. '기쁨' 장면의 코드를 활용하기 위해 앞에서 '장면 1'을 복제해서 만들었던 '보통' 장면과 '화남' 장면을 삭제하고 '기쁨' 장면만 남겨 둡니다.

복제된 장면의 이름을 "보통"가 "화남"으로 변경

❷ '기쁨' 장면을 선택하고 마우스 오른쪽 버튼을 눌러 표시되는 '복제하기' 메뉴를 선택합니다. 한 번 더 복제해서 복제된 장면의 이름을 '보통'과 '화남'으로 변경합니다.

장면 1
기쁨
보통
화남
+
X : 198.6, Y : -29.6
음식 모양 번호 0
대답 0
+ 오브젝트 추가하기
▶ 시작하기
음식1
블록
모양
소리
속성
모양 추가하기
새로 그리기
딸기
71 X 54
민트초코 머핀
240 X 240
레몬
238 X 115
닭다리_1
248 X 167
고기_1
207 X 241
갈비_1
231 X 156

❸ '보통' 장면을 선택합니다.

❹ '보통' 장면에서 음식 오브젝트를 선택합니다.

❺ 모양 탭을 클릭합니다.

❻ 모양 추가하기 버튼을 클릭해서 나타나는 × 모양 추가하기 창에서 "닭다리_1", "고기_1", "갈비_1"을 추가합니다. 각 모양의 이름은 간단하게 표시할 수 있도록 수정(예: "닭다리_1" → "닭다리")하고, 음식 모양의 크기도 적당하게 조정합니다.

❼ 기존에 있던 음식 모양은 × 버튼을 클릭해서 모두 삭제합니다.

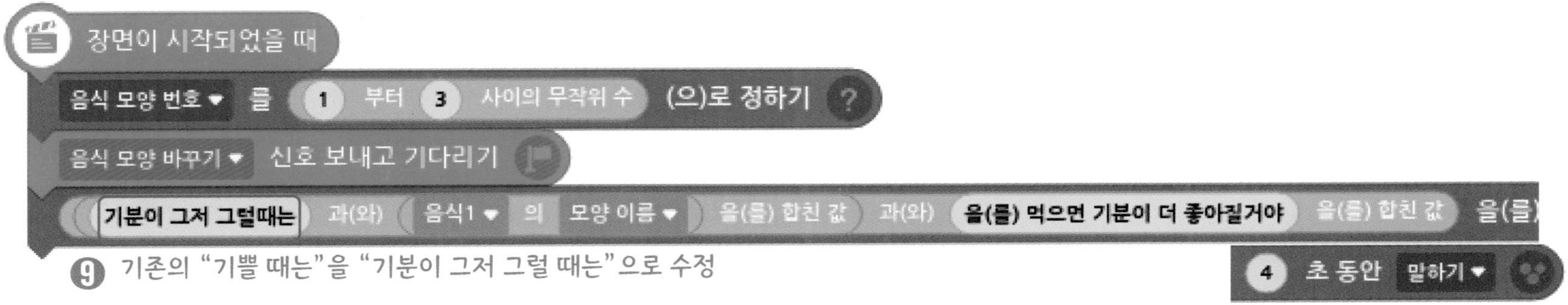

장면이 시작되었을 때
음식 모양 번호 ▾ 를 1 부터 3 사이의 무작위 수 (으)로 정하기
음식 모양 바꾸기 ▾ 신호 보내고 기다리기
기분이 그저 그럴때는 과(와) 음식1 ▾ 의 모양 이름 ▾ 을(를) 합친 값 과(와) 을(를) 먹으면 기분이 더 좋아질거야 을(를) 합친 값 을(를)
4 초 동안 말하기 ▾
9 기존의 "기쁠 때는"을 "기분이 그저 그럴 때는"으로 수정

❽ '보통' 장면에서 '소놀 AI 로봇'을 선택하고, 블록 탭을 클릭합니다.

❾ 표시되는 블록 중 마지막 블록의 코드에서 "기쁠 때는"을 "기분이 그저 그럴때는"으로 수정합니다.

장면 1
기쁨
보통
화남
⑩
X : 239.2, Y : -46.7
음식 모양 번호 0
대답 0
⑪
+ 오브젝트 추가하기
▶ 시작하기
음식2
⑫
블록
모양
소리
속성
⑬
모양 추가하기
새로 그리기
1 레몬 238 X 115
2 민트초코 머핀 240 X 240
3 딸기 71 X 54
⑭
⑬
4 딸기슈크림빵 270 X 240
5 꿀단지_1 130 X 165
6 고구마_1 238 X 113

⑩ '화남' 장면에서도 '보통' 장면에서와 같이 반복합니다. '화남' 장면을 선택합니다.

⑪ '화남' 장면에서 음식 오브젝트를 선택합니다.

⑫ **모양** 탭을 클릭합니다.

⑬ 모양 추가하기 버튼을 클릭해서 나타나는 **모양 추가하기** 창에서 "딸기슈크림빵", "꿀단지_1", "고구마_1"을 추가합니다. 각 모양의 이름은 간단하게 표시할 수 있도록 수정(예: "꿀단지_1" → "꿀단지")하고, 음식 모양의 크기도 적당하게 조정합니다.

⑭ 기존에 있던 음식 모양은 ✕ 버튼을 클릭해서 모두 삭제합니다.

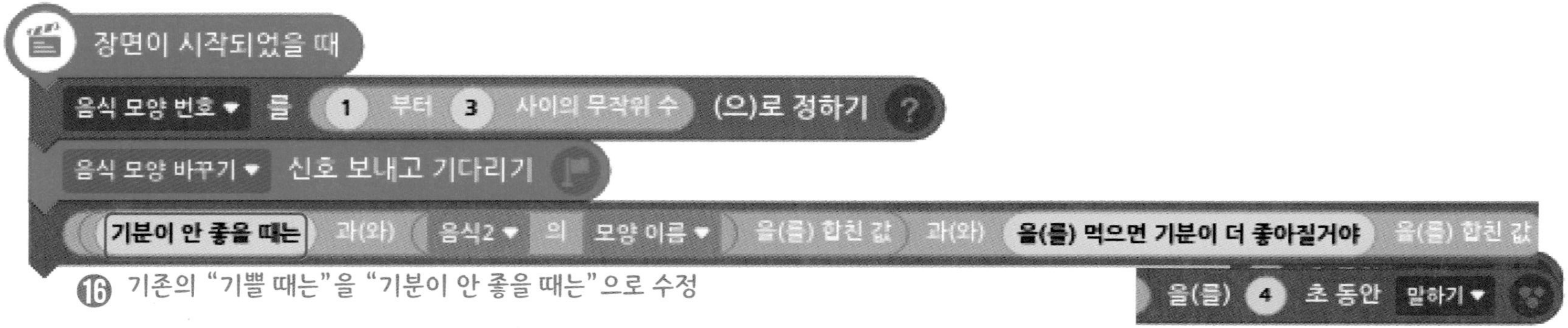

장면이 시작되었을 때
음식 모양 번호 ▾ 를 1 부터 3 사이의 무작위 수 (으)로 정하기
음식 모양 바꾸기 ▾ 신호 보내고 기다리기
기분이 안 좋을 때는 과(와) 음식2 ▾ 의 모양 이름 ▾ 을(를) 합친 값 과(와) 을(를) 먹으면 기분이 더 좋아질거야 을(를) 합친 값
을(를) 4 초 동안 말하기 ▾
⑯ 기존의 "기쁠 때는"을 "기분이 안 좋을 때는"으로 수정

⑮ '화남' 장면에서 '소놀 AI 로봇'을 선택하고, **블록** 탭을 클릭합니다.

⑯ 표시되는 블록 중 마지막 블록의 코드에서 "기쁠 때는"을 "기분이 안 좋을 때는"으로 수정합니다.

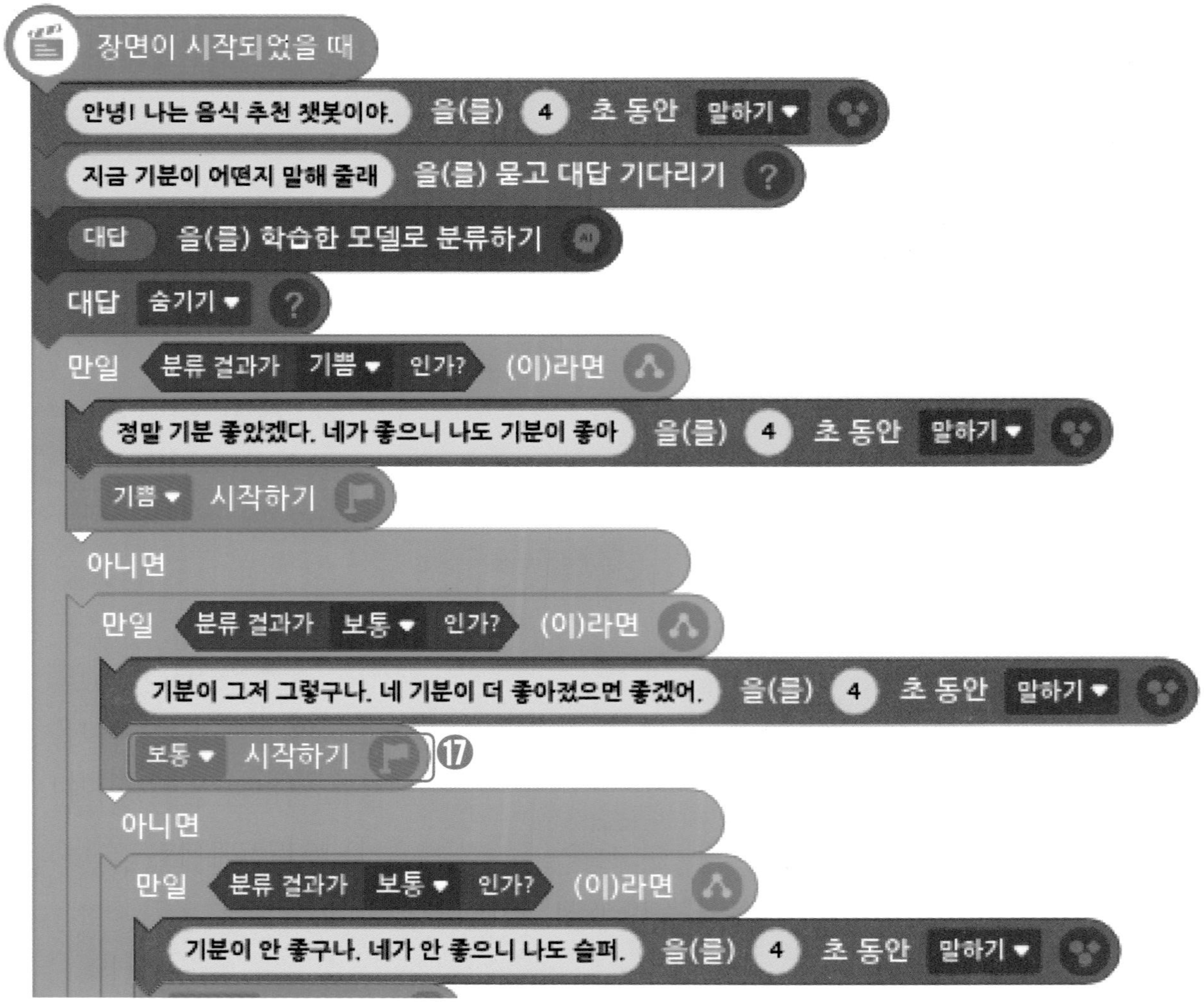
장면이 시작되었을 때
안녕! 나는 음식 추천 챗봇이야. 을(를) 4 초 동안 말하기
지금 기분이 어떤지 말해 줄래 을(를) 묻고 대답 기다리기
대답 을(를) 학습한 모델로 분류하기
대답 숨기기
만일 분류 결과가 기쁨 인가? (이)라면
정말 기분 좋았겠다. 네가 좋으니 나도 기분이 좋아 을(를) 4 초 동안 말하기
기쁨 시작하기
아니면
만일 분류 결과가 보통 인가? (이)라면
기분이 그저 그렇구나. 네 기분이 더 좋아졌으면 좋겠어. 을(를) 4 초 동안 말하기
보통 시작하기
⑰
아니면
만일 분류 결과가 보통 인가? (이)라면
기분이 안 좋구나. 네가 안 좋으니 나도 슬퍼. 을(를) 4 초 동안 말하기

기분이 안 좋구나. 네가 안 좋으니 나도 슬퍼.
을(를)
4
초 동안
말하기 ▾
화남 ▾
시작하기
18
아니면
잘 모르겠어. 다시 말해 줄래?
을(를) 묻고 대답 기다리기
?

⑰ '장면 1'을 선택하고, '장면 1'의 오브젝트 중 '소놀 AI 로봇'을 선택하면 블록 코드에 [대상 없음 ▾ 시작하기] 으로 표시되는 곳이 있습니다. 앞서 "보통" 장면과 "화남" 장면을 삭제하고 다시 만들었기 때문입니다. [대상 없음 ▾]을 마우스로 눌러 표시되는 목록에서 "보통"을 선택합니다.

⑱ 두 번째 표시되는 [대상 없음 ▾ 시작하기] 블록에서도 [대상 없음 ▾]을 마우스로 눌러 표시되는 목록에서 "화남"을 선택합니다.

감정을 더 추가하고 추가된 감정에 맞는 음식을 추천할 수 있도록 코드를 확장해 보기 바래요.

6 정복! 인공지능 | 코드를 점검해요

사용한 각 오브젝트에 대한 코드를 점검합니다.

★ 장면 1 - 소놀 AI 로봇

```
시작하기 버튼을 클릭했을 때
  장면 1 ▾ 시작하기

장면이 시작되었을 때
  안녕! 나는 음식 추천 챗봇이야. 을(를) 4 초 동안 말하기 ▾
  지금 기분이 어떤지 말해 줄래 을(를) 묻고 대답 기다리기
  대답 을(를) 학습한 모델로 분류하기
  대답 숨기기 ▾
  만일 < 분류 결과가 기쁨 ▾ 인가? > (이)라면
    정말 기분 좋았겠다. 네가 좋으니 나도 기분이 좋아 을(를) 4 초 동안 말하기 ▾
    기쁨 ▾ 시작하기
  아니면
    만일 < 분류 결과가 보통 ▾ 인가? > (이)라면
```

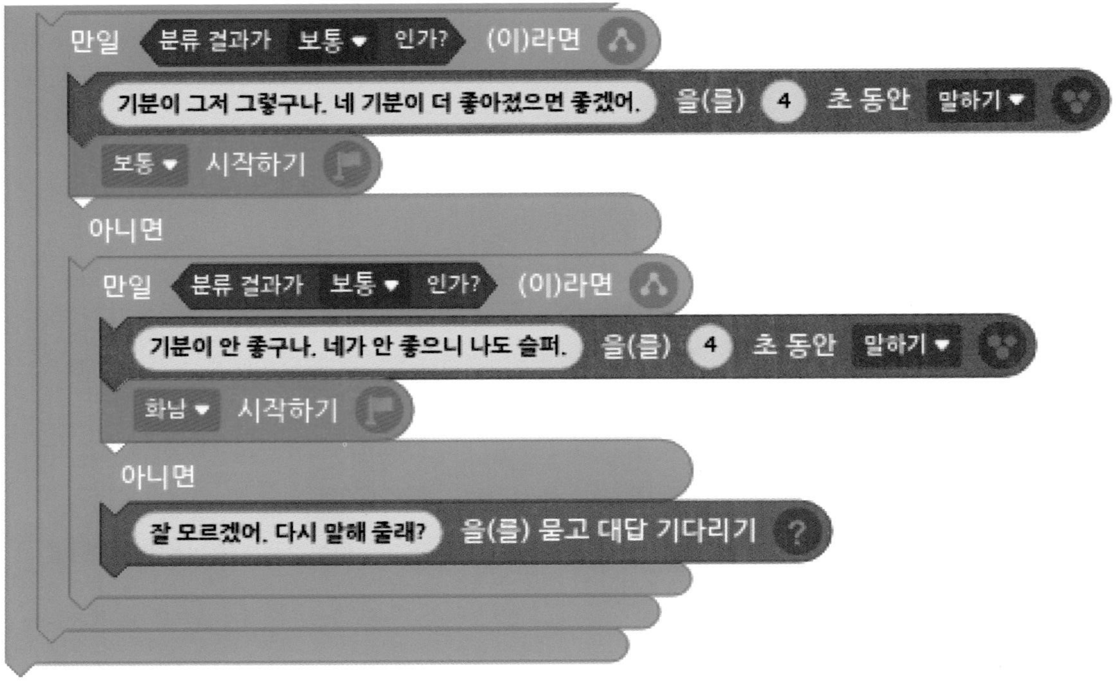
만일 분류 결과가 보통▼ 인가? (이)라면
기분이 그저 그렇구나. 네 기분이 더 좋아졌으면 좋겠어. 을(를) 4 초 동안 말하기▼
보통▼ 시작하기
아니면
만일 분류 결과가 보통▼ 인가? (이)라면
기분이 안 좋구나. 네가 안 좋으니 나도 슬퍼. 을(를) 4 초 동안 말하기▼
화남▼ 시작하기
아니면
잘 모르겠어. 다시 말해 줄래? 을(를) 묻고 대답 기다리기

★ '기쁨' 장면 - 소놀 AI 로봇

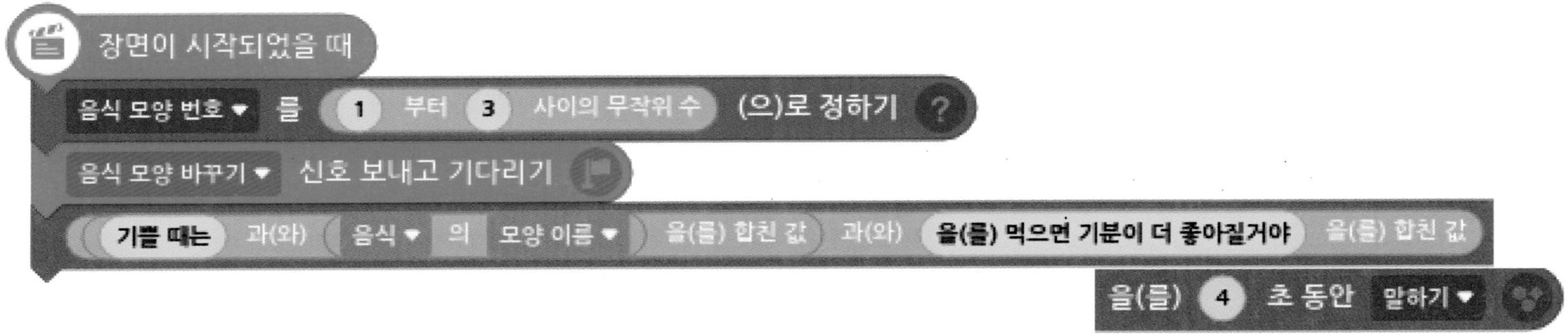
장면이 시작되었을 때
음식 모양 번호▼ 를 1 부터 3 사이의 무작위 수 (으)로 정하기
음식 모양 바꾸기▼ 신호 보내고 기다리기
기쁠 때는 과(와) 음식▼ 의 모양 이름▼ 을(를) 합친 값 과(와) 을(를) 먹으면 기분이 더 좋아질거야 을(를) 합친 값 을(를) 4 초 동안 말하기▼

★ '기쁨' 장면 - 음식

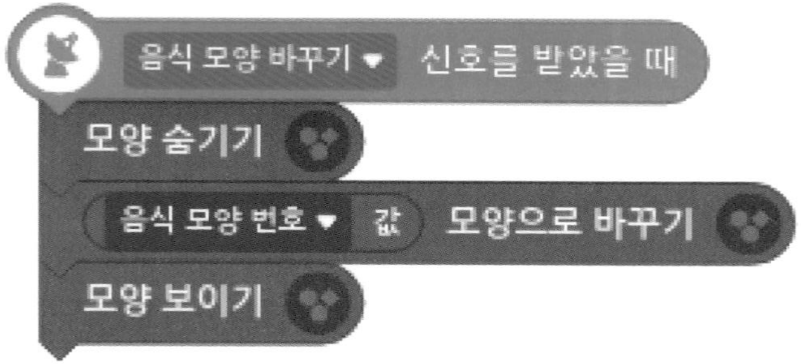
음식 모양 바꾸기 ▾ 신호를 받았을 때
모양 숨기기
음식 모양 번호 ▾ 값 모양으로 바꾸기
모양 보이기

★ '보통' 장면 - 소놀 AI 로봇

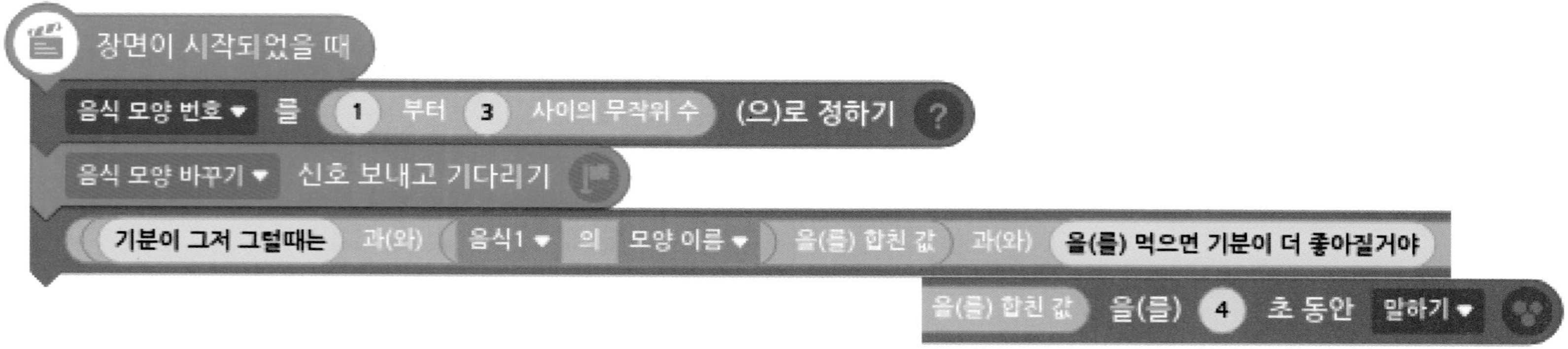
장면이 시작되었을 때
음식 모양 번호 ▾ 를 1 부터 3 사이의 무작위 수 (으)로 정하기
음식 모양 바꾸기 ▾ 신호 보내고 기다리기
기분이 그저 그럴때는 과(와) 음식1 ▾ 의 모양 이름 ▾ 을(를) 합친 값 과(와) 을(를) 먹으면 기분이 더 좋아질거야 을(를) 합친 값 을(를) 4 초 동안 말하기 ▾

★ '화남' 장면 - 소놀 AI 로봇

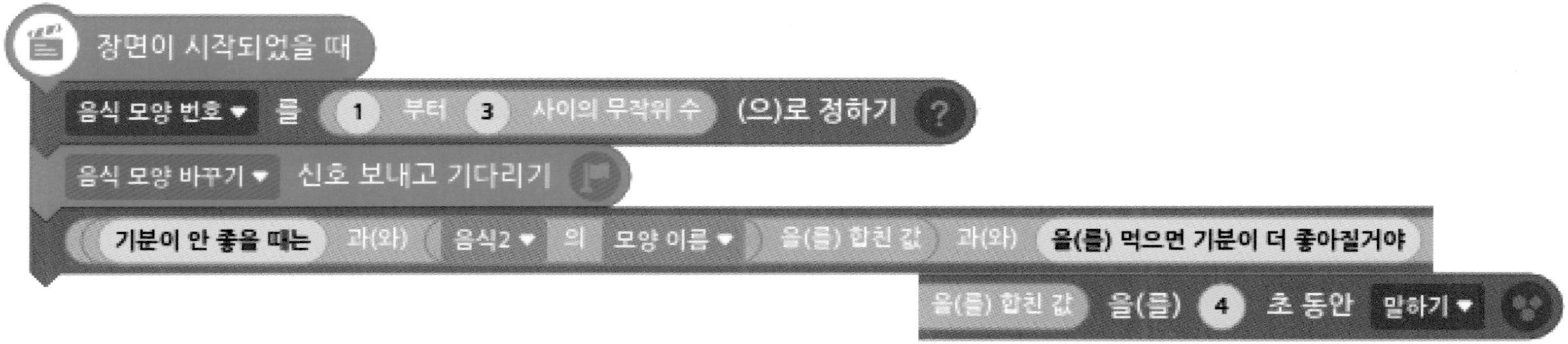
장면이 시작되었을 때
음식 모양 번호 를 1 부터 3 사이의 무작위 수 (으)로 정하기
음식 모양 바꾸기 신호 보내고 기다리기
기분이 안 좋을 때는 과(와) 음식2 의 모양 이름 을(를) 합친 값 과(와) 을(를) 먹으면 기분이 더 좋아질거야
을(를) 합친 값 을(를) 4 초 동안 말하기

7 AI처럼 생각해요! | 생각하는 AI 전문가

◎ 챗봇과 사생활 침해 문제

챗봇은 인공지능을 기반으로 다양한 서비스를 제공하는데, 이 과정에서 사용자의 정보를 활용하게 됩니다. 그러나 챗봇을 이용하는 것이 가지고 있는 사생활 침해에 관한 문제들도 존재합니다.

첫째, 불충분한 개인정보 보호로 인해 제3자에게 데이터 유출이 발생할 수 있습니다. 사용자가 챗봇 서비스를 이용하면서 노출되는 정보가 악의적인 목적을 가진 사람들에게 누출될 수 있어, 개인정보를 훔친 것처럼 다른 사람에게 피해를 줄 수 있습니다.

둘째, 챗봇이 대화 데이터를 저장하고 분석하여 사용자의 성향을 파악하는 경우가 있습니다. 이 정보는 마케팅, 광고 목적으로 활용되거나, 기업이 사용자가 관심 있을 것 같은 제품을 추천해주는데 사용될 수도 있어요. 그러나 사용자들은 이러한 정보의 수집과 활용이 불편하고 부담스럽게 느낄 수 있습니다.

사생활 침해 문제를 줄이기 위해서는 다음과 같은 조치들이 필요합니다.

챗봇 업체와 개발자는 개인정보를 수집하고 처리할 때 꼭 필요한 범위 내에서 최소한의 데이터만 활용하며, 이를 적절하게 보호해야 합니다.

사용자는 자신의 개인정보를 제공할 때 주의를 기울여야 하며, 개인정보를 요청하는 챗봇의 정황을 먼저 명확하게 파악하는 것이 중요합니다.

적절한 법률과 규제가 마련되어 사생활 침해가 최소화된 환경에서 챗봇 서비스가 제공되도록 해야 합니다. 챗봇 서비스 이용 시 발생할 수 있는 사생활 침해 문제에 주의하고, 적절한 보호 조치를 통해 사용자의 정보와 사생활이 보호되도록 하는 것이 중요합니다.

◎ 함께 생각해 보기

1 현재 많이 쓰이고 있는 챗봇은 무엇인가요?

2 챗봇은 어떤 단점이 있나요?

3 내가 챗봇을 만든다면 어떤 챗봇을 만들고 싶나요?